"十三五"国家重点出版物出版规划项目

中国矿山开发利用水平调查报告

黄金矿山

主编 冯安生 许大纯 吕振福

北 京

冶金工业出版社

2019

内 容 提 要

本书是"中国矿山开发利用水平调查报告"系列丛书之一。"中国矿山开发利用水平调查报告"全面介绍了我国煤炭、铁矿、锰矿、铜矿、铅锌矿、铝土矿、钨矿、锡矿、锑矿、钼矿、镍矿、金矿、磷矿、硫铁矿、石墨矿、钾盐等不同矿种300余座典型矿山的地质、开采、选矿、矿产资源综合利用等情况，总结了典型矿山和先进技术。丛书共分为5册，分别为《煤炭矿山》《黑色金属矿山》《有色金属矿山》《黄金矿山》《非金属矿山》，该系列丛书可为编制矿产开发利用规划，制定矿产开发利用政策提供重要依据，还可为矿山企业、研究院所指引矿产资源节约与综合利用的方向，是一套具备指导性、基础性和实用性的专业丛书。

本书主要介绍了重要黄金矿山的开发利用水平调查情况，可供高等院校、科研设计院所等从事矿产资源开发利用规划编制、政策研究、矿山设计、技术改造等领域的人员阅读参考。

图书在版编目（CIP）数据

黄金矿山/冯安生，许大纯，吕振福主编.—北京：冶金工业出版社，2019.7

（中国矿山开发利用水平调查报告）

ISBN 978-7-5024-7559-8

Ⅰ.①黄…　Ⅱ.①冯…　②许…　③吕…　Ⅲ.①金矿床—矿山开发—调查报告—中国　Ⅳ.①TD863

中国版本图书馆 CIP 数据核字（2019）第 090057 号

出 版 人　谭学余

地　　址　北京市东城区嵩祝院北巷 39 号　邮编　100009　电话　（010）64027926

网　　址　www.cnmip.com.cn　电子信箱　yjcbs@cnmip.com.cn

责任编辑　徐银河　张耀辉　美术编辑　吕欣童　版式设计　孙跃红

责任校对　王永欣　责任印制　牛晓波

ISBN 978-7-5024-7559-8

冶金工业出版社出版发行；各地新华书店经销；三河市双峰印刷装订有限公司印刷

2019 年 7 月第 1 版，2019 年 7 月第 1 次印刷

787mm×1092mm　1/16；12.5 印张；297 千字；189 页

58.00 元

冶金工业出版社　投稿电话　（010）64027932　投稿信箱　tougao@cnmip.com.cn

冶金工业出版社营销中心　电话　（010）64044283　传真　（010）64027893

冶金工业出版社天猫旗舰店　yjgycbs.tmall.com

（本书如有印装质量问题，本社营销中心负责退换）

前　　言

2012 年国土资源部印发《关于开展重要矿产资源"三率"调查与评价工作的通知》，要求在全国范围内部署开展煤、石油、天然气、铁、锰、铜、铅、锌、铝、镍、钨、锡、锑、钼、稀土、金、磷、硫铁矿、钾盐、石墨、高铝黏土、萤石等 22 个重要矿种"三率"调查与评价。中国地质调查局随即启动了"全国重要矿产资源'三率'调查与评价"（以下简称"三率"调查）工作，中国地质科学院郑州矿产综合利用研究所负责"三率"调查与评价技术业务支撑，经过 3 年多的努力，在各级国土资源主管部门和技术支撑单位、行业协会的共同努力下，圆满完成了既定的"全国重要矿产资源'三率'调查与评价"工作目标任务。

本次调查了全国 22 个矿种 19432 座矿山（油气田），基本查明了煤、石油、天然气、铁、锰、铜等 22 种重要矿产资源"三率"现状，对我国矿产资源利用水平有了初步认识和基本判断。建成了全国 22 种重要矿产矿山数据库；收集分析了国外 249 座典型矿山采选数据；发布了煤炭、石油、天然气、铁、萤石等 33 种重要矿产资源开发"三率"最低指标要求；提出实行矿产资源差别化管理和加强尾矿等固体废弃物合理利用等多项技术管理建议。

为了向开展矿产资源开发利用评价、试验研究、工业设计、生产实践和矿产资源管理的科研人员、设计人员以及高校师生、矿山规划和矿政管理人员等介绍我国典型矿山开发利用工艺、技术和水平，中国地质科学院郑州矿产综合利用研究所根据"三率"调查掌握的资料和数据组织编写了"中国矿山开发利用水平调查报告"系列丛书。该丛书共分为 5 册，分别为《煤炭矿山》《黑色金属矿山》《有色金属矿山》《黄金矿山》《非金属矿山》。

《黄金矿山》包括 29 个重要黄金矿山开发利用水平调查情况。

本书的出版得到了自然资源部矿产资源保护监督司及参与"三率"调查研究的有关单位的大力支持，在此一并致谢！

囿于水平，恳请广大读者对书中的不足之处批评指正。

编　者
2019 年 4 月

目　　录

第 1 篇　我国金矿开发利用水平

第 2 篇　我国重要黄金矿山调查报告

第 1 篇　我国金矿开发利用水平

WOGUO JINKUANG KAIFA LIYONG SHUIPING

1　金矿石工业类型及资源特征

　　根据国土资发〔2004〕61号《关于做好矿产资源统计工作的通知》，我国金矿石工业类型按照金矿矿物组成不同分为岩金和砂金两种。我国开发利用的金矿以岩金为主，占金矿资源储量消耗的99.80%，小型金矿床较多，地下开采较多，开采条件较为复杂，分布相对较为集中。据全国矿产资源储量通报（2017）显示，我国金矿查明资源储量13195.6t，较2016年净增1028.6t，增长8.5%。查明资源储量排名分别是山东（3756.6t）、甘肃（990.0t）和内蒙古（815.1t），分别占总查明资源储量的28.5%、7.5%和6.2%，三省（区）金矿查明储量总和约占全国的42.2%（见表1-1）。

表1-1　我国金矿查明资源储量分布

地区	储量/t	地区	储量/t
山东	3756.6	贵州	488.2
甘肃	990.0	四川	37.6
内蒙古	815.1	安徽	454.6
云南	767.1	西藏	437.5
河南	649.5	陕西	436.6
江西	488.7	全国	13195.6

1.1　金矿资源特点

　　金矿资源特点如下：

　　（1）我国黄金以岩金为主，其黄金保有储量占全国的99.80%；砂金中黄金保有储量仅占0.20%。

　　（2）矿床类型多。金矿床的工业类型主要有：石英脉型、破碎带蚀变岩型、细脉浸染型（花岗岩型）、构造蚀变岩型、铁帽型、火山-次火山热液型、微细粒浸染型等。主要矿床类型为破碎带蚀变岩型、石英脉型及火山-次火山热液型，三者约占金矿总储量的94%。

　　（3）大型金矿床少，中小型金矿床多。连续正常生产矿山中，大型矿床（岩金≥50t，砂金≥8t）7处，黄金保有储量占全国的28.38%；中型（岩金5~50t，砂金2~8t）104处，黄金保有储量占全国的54.06%；小型（岩金<5t，砂金<2t）614处，黄金保有储量占全国的17.56%。

　　（4）资源分布广泛，储量相对集中。除上海市、中国澳门和中国香港外，其他各个省（区、市）都有金矿产出。山东、云南、河南、青海、内蒙古、贵州、甘肃、吉林、福建、新疆、河北、陕西、辽宁、四川等14省（区）黄金储量占全国的91%。

1.2　伴生金矿资源

除独立金矿山外，我国铜矿、镍矿、硫铁矿、锌矿、铅矿、铁矿、锑矿等 7 种矿产不同程度地含有共伴生黄金资源，其中具有查明伴生黄金资源储量的矿山共有 85 座。据中国黄金协会统计，2017 年中国黄金产量 426.1t，其中黄金矿产金 369.1t，有色副产金 57t。共伴生产出的黄金中，绝大部分伴生在铜矿中，少量伴生于镍、铅锌矿石中。伴生金主要集中在江西、甘肃、安徽、湖北、湖南五省。铜矿中伴生产出金资源最多，约占共伴生产出金的 82.64%。江铜德兴铜矿伴生产出金最多 101392kg，其矿石含金量 0.264g/t；共伴生产出的金矿较多的铜矿还包括江西铜业集团银山矿业有限责任公司、黑龙江多宝山铜（钼）矿、江铜城门山铜矿、大冶铜绿山铜铁矿、桃花嘴金铜矿、青海德尔尼铜矿、铜陵有色狮子山铜矿、江铜武山铜矿、青海赛什塘铜矿、江铜永平铜矿、中国有色红透山铜矿、新疆白银索尔库都克铜矿、铜山铜矿等大型铜矿山。镍矿中共伴生产出的金矿主要分布在金川有色金属公司二矿区及龙首矿、新疆喀拉通克铜镍矿。铅锌矿中伴生金矿资源主要分布在水口山康家湾矿、锡铁山铅锌矿、栖霞山铅锌矿等大型矿山。

2 金矿主要开采矿石类型

按照金矿石的物质组成、结构状态及氧化程度等不同因素，一般将金矿石分为六种自然类型：贫硫化物含金石英脉矿石、多硫化物含金石英脉矿石、多金属硫化物矿石、含金铜矿石、含碲化金金矿石和含金氧化矿石，其中硫化物含金石英脉矿石和含金氧化矿石具有较好的可选性，是生产黄金的主要矿石原料。

根据金的产出状态主要分为三种类型：独立岩金矿床、砂金矿床和伴生矿床 3 种，其中独立岩金矿床是生产黄金的主要矿石原料。独立岩金矿床又可分为绿片岩型金矿、构造蚀变岩型金矿、砂砾岩型金矿、风化岩型金矿、热液交代型金矿、火山岩型金矿、斑岩型金矿及卡林型金矿等八类。

矿产资源综合利用手册按照矿床地质特征、矿物组成、工业开发利用等，将金矿床分为以下几种工业类型（见表 2-1）。

表 2-1 金矿床工业类型

工业类型	矿床特点	矿物组成	典型矿床
石英脉型	围岩主要是变质岩、中-酸性岩浆岩，石英脉常成群成带分布，矿床多为含金热液沿岩石的裂隙或断裂充填而成，脉旁经常发育线型蚀变，以硅化、绢云母化、绿泥石化、黄铁矿化最为普遍	金属矿物以黄铁矿为主，含黄铜矿、方铅矿、闪锌矿等；脉石矿物主要为石英、长石、云母等	河北金厂峪，吉林夹皮沟，辽宁五龙金矿，小秦岭金矿，玲珑金矿
破碎带蚀变岩型	围岩主要是中-酸性岩、变质岩、混合岩，矿体严格受断裂构造控制，围岩蚀变以硅化、高岭土化、绢云母化、碳酸盐化和黄铁矿化为特征。矿床多为含金热液交代破碎带岩石而成，矿体主要赋存在黄铁绢英岩化岩中，矿石多呈细脉状浸染，金与硫化物共生	金属矿物以黄铁矿为主；脉石矿物以石英、绢云母为主	山东招平断裂带诸金矿床，焦家金矿，银洞坡金矿，葫芦沟金矿
细脉浸染型（斑岩型或火山岩型）	围岩主要是中-酸性浅成侵入岩中、次火山岩、角砾岩，容矿岩石多为硅铁质岩石、粉砂质岩石、含炭黏土质岩石，部分为碳酸盐岩、火山碎屑岩等。矿床多为含金热液沿围岩的微细裂隙充填而成，金矿物呈微细粒以浸染状产出，矿石常为热液交代容矿岩石而成	金属矿物以黄铁矿为主，含少量黄铜矿、毒砂、方铅矿、闪锌矿、磁黄铁矿、辉锑矿等；脉石矿物有石英、白云石、高岭土、绢云母等	黑龙江团结沟，吉林刺猬沟，江苏铜井金矿，福建紫金山，台湾金瓜石

工业类型	矿床特点	矿物组成	典型矿床
石英-方解石脉型	矿床产于中新生代火山岩中或在碳酸盐岩层及少量碎屑岩中。围岩蚀变以青盘岩化为主，另有硅化、冰长石化、碳酸盐化等。矿床多由含金和碳酸钙的热液沿围岩裂隙或断裂充填而成，矿脉由石英、方解石组成，与火山岩有关的近地表部位银含量常高于金	金属矿物因成因不同由简至繁，脉石矿物有玉髓、低温石英、冰长石、蛋白石、方解石等	广西叫曼，吉林鹁鸽砬子，甘肃九源
微细粒浸染型（卡林型）	由美国内华达州"卡林金矿"而得名，金颗粒呈显微和亚显微级浸染在硅化的碳酸盐类岩石中，金与重晶石、二氧化硅、黄铁矿及其他硫化矿物伴生，矿石由热液交代围岩形成，矿体与围岩一般无明显标志	特征元素有砷、汞、锑等，有时含钨、重晶石	广西金牙，甘肃甘南，贵州烂泥沟
砂金型	矿床由砂砾岩和其他有用矿物的岩屑及残积物组成	主要矿物有磁铁矿、褐铁矿、钛铁矿、锆英石、石榴石、金红石等，脉石矿物有砾石、卵石、石英、长石等	吉林珲春，内蒙古哈泥河

2.1　石英脉型金矿

我国的石英脉型金矿床主要集中在胶东、小秦岭、燕辽-乌拉山、辽吉东部以及湘西、云南三江、新疆北部等地区，其中小秦岭矿区是我国的四大金矿带之一，也是我国第二大黄金产区。小秦岭金矿床为热液型金矿床，围岩蚀变可分为内带、中带、外带，内带蚀变作用强、交代彻底，发育硅化、黄铁矿化、绢云母化等，中带以绢云母化和硅化为主，外带主要是绿泥石化、绢云母化。小秦岭金矿区矿石中主要金属矿物有自然金、黄铁矿、方铅矿、黄铜矿、闪锌矿、磁铁矿、磁黄铁矿、黑钨矿、白钨矿等，脉石矿物主要是石英、长石、方解石、铁白云石、重晶石、绢云母等，主要金矿物为自然金、银金矿，黄铁矿是最主要的载金矿物。

2.2　破碎带蚀变岩型金矿

我国的破碎带蚀变岩型金矿床主要分布在胶东、小秦岭、海南、四川、湖南等地区，其中焦家金矿是国内外著名的"焦家式金矿"的典型代表，含金蚀变带是由花岗岩经热液蚀变发生的绢云母化、硅化、黄铁矿化所组成。矿石中主要金属矿物有黄铁矿、黄铜矿、方铅矿、闪锌矿、磁黄铁矿等，脉石矿物以石英、长石、绢云母、方解石为主。

2.3　细脉浸染型金矿

我国的细脉浸染型金矿床主要集中在内蒙古-大兴安岭、东南沿海、长江中下游、新疆等地区。其中，福建紫金矿业股份有限公司紫金山金矿，位于福建上杭县，属特大型金铜矿山，已探明金矿储量达150t，远景储量可达200t以上，铜矿储存量200万吨以上，现成为我国采选规模最大、入选品位最低、单位矿石成本最少的黄金矿山，主要经济指标和技术指标达到国际先进水平。紫金山金矿为燕山晚期陆相火山岩次火山岩-隐爆角砾岩期后热液脉状矿床，是浅成次火山入侵体及其伴随的火山岩的热液系统从岩浆的去气作用部位延伸至喷气孔和酸性热泉，将斑岩和高硫化成矿环境结合而成的，与燕山晚期中酸性次火山岩及火山机构有密切关系，其下部是铜矿体。围岩蚀变十分强烈，主要有绢云母化、地开石化、明矾石化和硅化。矿石中主要金属矿物有蓝辉铜矿、辉铜矿、硫砷铜矿、铜蓝和黄铁矿等，脉石矿物主要有石英、明矾石和少量地开石、高岭土。铜矿石基本为原生硫化物矿石，铜矿物及黄铁矿呈脉状或浸染状分布，充填交代隐爆角砾岩及蚀变次英安玢岩和蚀变花岗岩中。金矿石为氧化矿石，主要赋存在褐铁矿、针铁矿、赤铁矿等矿物中。

2.4　微细粒浸染型金矿

我国微细粒浸染型金矿（卡林型金矿）主要分布在滇黔桂、陕川甘、西南秦岭及湘中等金矿化集中区，即扬子陆块西南缘的板内古生带-中生代沉降带和西北缘古生代-中生代造山带中，其属于中低温热液（渗透热卤水）成因的金矿床，围岩蚀变以硅化为主，其次为碳酸盐化、黏土化、绢云母化，还有绿泥石化、黑云母化、钠长石化和重晶石化等。典型矿山为贵州烂泥沟金矿，是滇黔桂"金三角"目前已探明最大的卡林型金矿床，金矿储量达到110t，远景储量在130t以上，达到世界级特大型金矿规模。蚀变类型主要为硅化、黄铁矿化、毒砂化、辉锑矿化、汞矿化、碳酸盐化、黏土化等，矿体含金4~11g/t，平均7.01g/t，金主要呈显微-次显微状赋存于黄铁矿富砷环带中和毒砂中。矿石中金属矿物主要是黄铁矿，其次为毒砂、雄（雌）黄、辰砂，少量方铅矿、闪锌矿、黄铜矿等；脉石矿物主要是石英、黏土矿物和碳酸盐矿物。

2.5　红土型金矿

红土型金矿是金矿体或含金岩石（矿源体）出露地表后，分散于矿源体中的金在表生红土化作用的水-岩反应过程中，发生活化迁移、沉淀富集重组而形成，并以红土风化壳为寄主体的表生金矿床，其具有矿床规模较大、矿体埋藏浅、产状平缓稳定、矿物组分简单、易开采及选冶、投资回报率高等优点。我国红色黏土型金矿床主要集中分布于中南和西南地区，例如云南上芒岗、贵州老万场、湖北蛇屋山、云南北衙等矿床。

2.6　铁帽型金矿

　　铁帽型金矿床主要分布在长江中下游,埋藏浅,易于露采,具有重要的工业价值。铁帽型金矿床是由含金硫化物矿床经风化淋滤而成的,产于层间的构造破碎带中,如新桥铁帽型金矿床是沿泥盆系和石炭系之间的层间断裂发育;代家冲金矿产在高丽山组砂页岩与船山灰岩、白云质灰岩的压性断裂带内;龙王山金矿体赋存在燕山期花岗闪长岩与二叠系当冲组含锰硅质岩、硅质页岩、硅质泥灰岩的接触破碎带中。

2.7　砂金矿

　　砂金矿是由原生金矿床或含金地质体在风化、剥蚀、搬运、沉积等外生地质作用下,在河流中某个部位聚集而形成的金矿,具有埋藏浅、易采易选、投资少、见效快等特点,是世界黄金的主要来源之一。我国砂金矿资源丰富,主要集中分布在黑龙江、吉林、内蒙古、甘肃、新疆、四川、陕西、湖南、江西、广西和广东等地。砂金矿常伴生磁铁矿、钛铁矿、赤铁矿、金红石、石榴石、铂、锡石、铬铁矿、自然铜、锆石、独居石及宝石矿产资源,具有较高的综合回收价值。典型砂金矿为陕西省月河砂金矿,是我国目前规模最大的砂金矿床,由上游汉阴矿段和下游恒口矿段构成,砂金储量15t。砂金矿石由砾石(70%~82%)、砂(10%~20%)、黏土质粉砂(3%~8%)及重矿物(砂金、钛铁矿、石榴石、磁铁矿)组成,物料松散,属松散砂砾型砂金矿床。月河砂金矿床沿河有五里、安康、恒口、汉阴4座砂金矿山,其中安康金矿采用干式磁选—摇床重选工艺从砂金选矿尾矿中回收磁铁矿、赤铁矿、钛铁矿与子石连生体以及细粒金屑,钛铁矿与石榴石连生体采用焙烧—磁选工艺分选回收;恒口金矿采用干式磁选—摇床重选工艺回收砂金尾矿中的磁铁矿和细粒金屑;汉阴金矿采用湿式弱磁选机回收砂金尾矿中的磁铁矿,选铁精矿后的尾矿采用筛分—焙烧—磁选—摇床重选工艺回收铁、钛铁矿、石榴石、金红石、独居石及细粒金屑。

3 金矿矿山规模划分标准及主要矿产品

根据黄金矿山金的产出状态，金矿产品一般分为：金精粉和合质金。

金精粉一般是通过重选或浮选工艺获得的精矿，合质金一般是电解金泥在冶炼室经过湿法除杂、烘干及冶炼后产出成色90%左右的合质金锭。

根据 YS/T 3004—2011 金精矿标准，金精矿从 20~100g/t 分为 9 个品级，其中铜的质量分数大于 1% 时为铜金精矿，铅的质量分数大于 5% 时为铅金精矿，锑的质量分数大于5% 时为锑金精矿，砷的质量分数大于 0.5% 时为含砷金精矿。同时要求，铜金精矿中铅和锌的质量分数均应不大于 3%，铅金精矿中铜的质量分数应不大于 1.5%。

根据中国黄金协会统计数据，2017 年中国黄金产量为 426.14t（不含进口原料产金），与 2016 年同期相比减少 27.34t，同比下降 6.03%，其中黄金矿产金 369.1t，有色副产金57t。同期我国黄金产量仍继续稳居全球首位，自 2007 年以来已连续 11 年位居全球第一。我国黄金生产区域较为集中，全国共有 7 个岩金生产基地，分别是胶东、小秦岭、燕辽-大青山、辽吉东部、清黔桂三角区、鄂皖赣三角区、新疆北部。产量前五位的省（区）依次为山东、河南、内蒙古、陕西和新疆，产量分别约为 17%、10%、6%、5%、5%，五省总和约为 43%。我国黄金需求仍保持全球第一，其中，黄金消费需求 1089.07t，已连续多年成为世界第一大黄金消费国，占总消费需求的 61.75%。黄金首饰及制品出口 257t，占总需求的 14.57%。

4　金矿主要采选技术方法

4.1　采矿工艺方法

采矿工艺方法如下：

（1）海下矿产资源安全高效开采技术。三山岛金矿针对新立矿区海底大规模开采的具体条件，提出海底开采上覆岩层控制与防治措施，全面监控矿床开采区域的岩体稳定状况和动态，对危险区域的岩体灾变做出预警，形成了一套海底矿床安全高效开采保障技术。该技术全面应用于三山岛金矿新立矿区，并在与之相邻的三山岛直属矿区推广应用。依据研究确定的海底开采合理安全隔层厚度，释放高品位保安矿柱资源 169 万吨。

（2）黄金矿山低品位资源动态评估与利用技术。低品位矿体在矿山建设初期评价时并不具备开采价值，但随着开采系统的形成、金属价格的上涨以及矿山技术水平提高带来的成本下降，这些低品位资源有了不同程度的利用价值。黄金矿山低品位资源优化利用技术核心是边际品位优化。通过建立三维矿床模型和三维可视化经济模型，动态圈定品位优化后形成的低品位矿石，通过现场调查及监测、理论分析和力学计算，确定低品位矿体的开采方案、回采顺序、采场结构参数，以及安全控制措施，形成低品位矿石的开发利用方案。

（3）大直径深孔采矿法。金厂峪金矿对大直径深孔开采法进行了应用，并取得了不错的成绩，该方案在实际应用中，其技术特点主要表现在：通过垂直大直径的深孔逐渐向两边的空间进行挤压崩矿，一次挤压爆破之后实施局部放矿，让呈挤压状态的崩落矿石能够被二次松散，随后，展开下一次挤压的分层崩矿，继而形成后退式的连续回采，不需要展开间柱或者是顶柱二步回采。这一方法试验成功之后，使金厂峪金矿采矿效率逐渐提高，降低了生产成本，生产实现高产和稳产，为经济效益的提高提供了可靠的技术保障。

（4）大间距集中化无底柱采矿法。大间距集中化无底柱采矿方法的采矿性质与结构特点主要表现为：1）采矿技术的推广及应用具有及时简便的特点；2）采矿技术可以在较大程度上简化采矿的过程；3）采矿机械化程度高，采矿成本得到降低。无底柱崩落这种采矿方法最初是在河北某一矿床中得到成功的验证，后其技术方法就在多个冶金系统中得到了有效的应用，并且在很多的地下黄金矿山中都得到了普及，其利用率高达 80%。该采矿方法适用于存在缓坡的一些采矿地带。

（5）留矿全面采矿法。我国的黄金矿床中，倾角为 30°~35° 的倾斜薄矿体占相当大的比重。在开采这类矿床时，应用普通留矿采矿法矿石不能借重力全部放出，应用普通全面采矿法因底板倾角大、工人作业困难。因而一些矿山在生产实践中，把留矿采矿法暂留崩落矿石的回采工艺、全面采矿法的顶板管理技术和矿石运搬方法有机结合起来，形成了留矿全面采矿法。留矿全面采矿法的主要工艺特点是为了减少矿柱中的矿石损失，采用人工混凝土柱代替矿柱。从回采工艺上看，均为浅眼落矿、电耙出矿。对于顶板的维护，除矿柱和人工混凝土柱外,在矿房内一般留有不规则矿柱,或用锚杆加固、立柱支护等。

(6)削壁充填采矿法。我国金矿地下矿床急倾斜、极薄矿脉的开采,在建矿初期多使用浅孔留矿采矿法回采,该法适用于矿岩中稳以上、矿脉规则、赋存变化不大的矿体。然而,对矿岩稳固性较差、赋存条件变化较大的岩金矿脉,使用留矿采矿法则突出存在着上盘围岩片落导致的废石混入率大、出矿时大块冒落造成堵斗和底板不平造成二次损失高、矿柱回采率低等问题。因而矿山逐渐试验与应用削壁充填采矿法,在开采矿岩中稳以下的缓倾斜、倾斜极薄矿脉时,我国金矿地下矿山一直沿用该法。尽管削壁充填采矿法工艺复杂、劳动强度大、生产效率低,但由于矿、岩分采,废石就地充填,采场帮壁能及时得到维护,使采场安全作业条件得以改善,特别是存在矿石回采率高、废石混入率低等突出优点,故在极薄岩金矿脉的开采中获得了广泛的应用,其使用的比重还有上升的趋势。

4.2 选矿工艺方法

金在矿石中含量较低,目前大多金矿选厂金的品位在 1.5~3.5g/t,需要将矿石磨碎至单体解离,采用选矿方法富集或用氰化法将金从矿石中分离出来,常用选矿方法有重选、浮选和氰化工艺。常用有单一浮选、重选-浮选联合工艺、浮选-氰化工艺、炭浆法、炭浸法、堆浸法等选矿提金工艺。

(1)低品位金矿综合利用技术。我国广泛分布着大量低品位氧化金矿床,以紫金山金铜矿为例,矿石储量 1.8 亿吨,金品位 0.5~1.0g/t,平均品位 0.7g/t,金储量 125.63t。但因矿石含金品位低、选矿难以富集、渗透性差等一系列难题,致此类矿石一直未能得到高效开发。针对低品位金矿综合利用提出的碎矿-筛分-洗矿、重选-细泥炭浸-粗矿堆浸组合工艺有效降低了尾矿品位,大幅提高了浸出率,选矿综合回收率提高 11.07%;缩短了浸出周期,降低了生产成本;有较强的适应性和较好的技术指标,解决了氧化矿石因含泥多而浸出效果不佳的问题;降低了最低入选品位(0.5g/t),提高了资源利用率,延长了矿山服务年限。该技术处理紫金山金铜矿露采境界内品位 0.385g/t、5208.8 万吨的极低品位废石,每年可多生产黄金 726.10kg。

(2)难浸金精矿生物氧化预处理提金新技术。生物氧化预处理提金工艺,即黄铁矿、砷黄铁矿在细菌、氧气、水的作用下,被直接和间接氧化为硫酸铁和硫酸亚铁、硫酸,中和后氰化提金。生物氧化预处理提金技术的主要工艺流程为生物氧化-氰化-逆流洗涤-锌粉置换提金(或炭浆法提金)。主要工艺过程包括:磨矿分级、生物氧化、固液分离、中和处理、氰化浸出、逆流洗涤、锌粉置换(炭浆法提金)、冶炼提纯等。该技术在黄金领域中的主要应用是作为预处理工艺,用于难处理金矿资源的开发,与沸腾焙烧氧化、加压氧化一同成为难处理金矿资源的三大预处理技术。生物氧化提金新技术已在阿希金矿、烂泥沟金矿和金翅岭金矿等十余家企业成功应用。

(3)原矿焙烧预处理提金。原矿焙烧就是在高温条件下焙烧原生金矿,使包裹金的硫化矿物分解为多孔的氧化物而使其中的金暴露出来,同时去除矿石中有机碳的"劫金"性,同时利用矿石中所含碳酸盐的焙烧分解产物(CaO/MgO)固化焙烧逸出的砷、硫烟气。工艺流程为矿石破碎、磨矿干燥,以及焙烧收尘、烧渣氰化浸出工艺流程。

(4)超细磨技术。对于一些嵌布粒度微细的难处理金矿,采用常规磨矿 74μm 占

70%~90%，有部分金矿难以单体暴露，进而影响金粒与浸金药剂的有效接触，采用超细磨技术是利用专有设备对金矿石进行碾压、剪切及冲击破碎等，增大矿物颗粒的比表面积，提高矿物表面活性，降低反应难度，便于后续浸出。常用超细磨设备有冲击磨、气流磨、搅拌磨及振动磨等。在金矿选冶流程中使用高压辊磨技术配合球磨机取代圆锥破碎机配合 SAG 半自磨机的磨矿工艺可节能并提高回收率，设备效率可从 75% 提高到 92%。

（5）加压氧化技术。对于一些被毒砂及黄铁矿等硫化物包裹的金矿金粒，采用传统的氰化浸出工艺，硫化物阻碍了金与氰化物的直接接触，金浸出率较低，氰化物消耗量大，需采用加压氧化或焙烧等方法进行预处理。加压氧化技术是利用高温高压，在富氧环境下，加入一定量的酸（酸性脉石矿物）或碱（碱性脉石矿物）分解矿石中的砷和硫，促进金的暴露，达到提高金的浸出率的目的。加压氧化原则流程为金矿—原料准备—预热—加压氧化—闪蒸降压—液固分离—氰化提金—金泥。我国首个难选冶黄金加压预氧化项目 2017 年 1 月在贵州水银洞金矿正式投产，该金矿主要以含砷、含碳的"卡林型"金矿为主，是典型的难处理金矿，"加压预氧化"难选冶金矿技术的工业化，不但提高了 30% 的综合回收率，且原来不能利用的约 50t 金资源产生新的经济价值，为"卡林型"金矿资源合理利用开辟了示范性路线。

（6）炭浆法。金矿 CIP 炭浆法提金是采用活性炭直接从氰化矿浆中吸附回收金的无过滤氰化炭浆工艺流程。炭浆法的主要工序作业条件包括：浸出原料制备、预筛矿浆中的杂物、搅拌浸出与逆流炭吸附、载金炭解吸、电解或沉淀、炭再生。

（7）炭浸法。金矿 CIL 炭浸法浸出工艺是一种向矿浆中加入活性炭并同时进行浸出和吸附金的工艺流程，简化 CIP 炭浆法工艺中氰化浸出矿浆和活性炭吸附这两步为一步的金矿选矿方法。炭浸法提金工艺主要包括除杂、浸前浓缩、浸出与吸附、解吸电积、湿法冶炼、活性炭再生、尾矿压滤、污水处理等阶段。

（8）堆浸法。金矿堆浸就是金矿石破碎至一定粒度（或造粒），堆积在采区防渗漏措施的堆场上，用低浓度氰化物、碱性溶液等在矿堆上喷淋，使金溶解，含金的溶液从矿堆上渗滤出来，然后用活性炭吸附或锌粉置换沉淀等方法回收金。堆浸提金生产工艺主要由堆浸场地修筑、破碎或制粒、筑堆、喷淋浸出、贵液以及废矿堆的消毒、卸堆等几部分组成。

5 金矿开采回采率及其影响因素

2011年我国633座连续正常生产金矿山年总设计采矿能力10463.00万吨，采出矿石量9091.22万吨，平均开采回采率94.10%。2015年平均开采回采率94.3%，2016年平均开采回采率92.68%。

5.1 我国金矿开采方式

我国金矿以地下开采为主，地下开采矿山数量和产能均居主导地位。地下开采矿山共528座，占金矿山总数的83.41%。露天开采金矿83座、露天-地下联合开采金矿22座，分别占总数的13.11%和3.48%。

地下开采金矿设计采矿能力3933.74万吨，实际采出矿石量3693.18万吨，实际采出矿石量占金矿石产量的42.51%；露天开采矿山设计采矿能力2526.86万吨，实际采出矿石量2705.65万吨，实际采出矿石量占金矿石产量的29.24%；露天-地下联合开采矿山设计采矿能力4002.40万吨，实际采出矿石量2854.83万吨，实际采出矿石量占金矿石产量的28.25%。不同生产建设规模金矿数量及生产能力对比如图5-1所示。

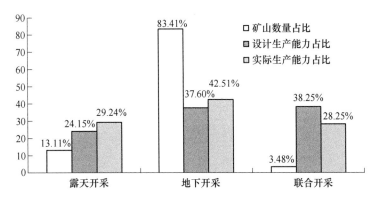

图5-1 不同生产建设规模金矿数量及生产能力对比

我国金矿产能利用率86.89%，其中地下开采金矿产能利用率93.88%，露天开采矿山产能利用率107.08%，联合开采矿山产能利用率71.33%。

5.2 开采回采率与矿体赋存条件的关系

围岩稳固程度、矿体倾角、矿体厚度对金矿开采回采率影响见表5-1。就金矿而言，影响金矿开采回采率的最主要因素是围岩稳固程度，其次是矿体倾角，最后是矿体厚度。

表 5-1　矿体赋存条件对开采回采率影响

因　素	围岩稳固程度	矿体倾角	矿体厚度	开采回采率/%
条件 1	稳固	缓倾斜	薄矿体	90.51
条件 2	稳固	倾斜	中厚矿体	87.33
条件 3	稳固	急倾斜	厚矿体	93.18
条件 4	不稳固	缓倾斜	薄矿体	90.55
条件 5	不稳固	倾斜	中厚矿体	93.48
条件 6	不稳固	急倾斜	厚矿体	91.29
条件 7	极不稳固	缓倾斜	薄矿体	83
条件 8	极不稳固	倾斜	中厚矿体	90
条件 9	极不稳固	急倾斜	厚矿体	90.09

开采回采率与矿体赋存条件关系见表 5-2。我国金矿山中,稳固矿体回采率高于不稳固矿体,极不稳固矿体开采回采率最低;缓倾斜矿体开采回采率高于急倾斜矿体,倾斜矿体开采回采率最低;厚矿体开采回采率高于薄矿体开采回采率,中厚矿体开采回采率最低。

表 5-2　开采回采率与矿体赋存条件的关系

稳固程度	稳固	不稳固	极不稳固
开采回采率/%	94.19	93.86	82.77
矿体倾角	缓倾斜	倾斜	急倾斜
开采回采率/%	96.79	91.62	95.12
矿体厚度	薄矿体	中厚矿体	厚矿体
开采回采率/%	92.12	89.08	94.83

5.3　开采回采率与开采方式的关系

我国金矿山开采方式包括露天开采、地下开采、露天-地下联合开采三种。不同开采方式的金矿山开采回采率如图 5-2 所示。开采回采率以露天-地下联合开采,其次是露天开采,地下开采矿山回采率最低。露天开采金矿平均开采回采率 94.66%,露天-地下联合开采矿山金矿平均开采回采率为 98.43%,地下开采金矿平均开采回采率为 90.62%。

露天地下联合开采矿山中,产能占比 91.50% 的紫金矿业集团股份有限公司紫金山金铜矿尚未转入地下开采,开采回采率高达 99.05%。产能占比 3.87% 的贵州锦丰矿业有限公司锦丰(烂泥沟)金矿产能以露天开采为主,地下开采矿体采用上向分层充填采矿法,开采回采率达 95.2%;露天开采矿体开采回采率 97.9%。

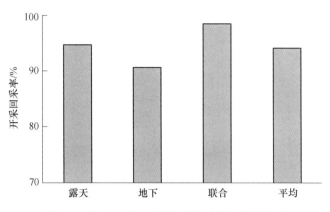

图 5-2 金矿开采回采率与矿体赋存条件的关系

5.4 开采回采率与采矿方法的关系

我国金矿地下采矿主要采用空场采矿法、充填采矿法、崩落采矿法等，露天采矿主要采用组合台阶采矿法等方法。

地下开采矿山中，有 370 处金矿采区（占地下采区总数 60.55%）采用空场采矿法，采用空场采矿法平均开采回采率为 90.12%。充填采矿法在金矿山中普及程度较高，有 202 处金矿山采区（占地下采区总数 33.06%）采用充填采矿法。充填采矿法平均开采回采率为 93.46%。不同采矿方法金矿开采回采率见表 5-3。露天开采使用最多的采矿方法是组合台阶采矿法，回采率为 94.66%。充填采矿法能够在约 1/3 的地下开采金矿山中推广使用，说明充填采矿法与资源价值关系密切。

表 5-3 金矿开采回采率与采矿方法的关系

采矿方法		矿床数/个	开采回采率/%
地下开采	空场采矿法	370	90.12
	充填采矿法	202	93.46
	崩落采矿法	39	87.96
露天开采	组合台阶采矿法	94	94.66
溶浸采矿		8	88.71
采砂船采矿法		2	86.01

5.5 开采回采率与矿山生产规模的关系

金矿山开采回采率与矿山生产建设规模的关系如图 5-3 所示。依矿山规模划分，大型金矿山开采回采率高于中型、小型金矿山。

54 座大型金矿山平均开采回采率 95.43%，其中 21 座平均开采回采率高于行业平均值（94.10%，下同），包括露天开采矿山 9 座、地下开采矿山 9 座（山东黄金、招远黄金下

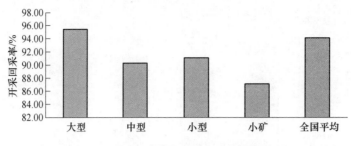

图 5-3　开采回采率与矿山生产规模的关系

属矿山，均采用充填采矿法开采）、联合开采矿山 3 座。33 座大型矿山平均开采回采率低于行业平均值，其中地下开采矿山 30 座、已转为地下开采的露天-地下联合开采矿山 1 座，这些矿山多采用空场法开采。

中型金矿平均开采回采率为 90.29%。114 座中型矿山中，21 座中型矿山平均开采回采率高于行业平均值，包含露天开采矿山 7 座、地下开采矿山 14 座，14 座地下开采矿山绝大多数采用充填法开采。93 座中型矿山平均开采回采率低于行业平均值，包含地下开采矿山 75 座、转为地下开采的联合开采矿山 7 座，这 82 座矿山多采用空场法开采。

小型金矿平均开采回采率为 91.07%、金矿小矿山平均开采回采率为 87.12%。小型及以下金矿中，67 座矿山平均开采回采率高于行业平均值，包含地下开采矿山 44 座、联合开采矿山 1 座、露天开采矿山 22 座。15 座小型金矿（含小矿山）平均开采回采率接近行业平均值，均为地下开采矿山。382 座矿山平均开采回采率低于行业平均值，包含地下开采矿山 341 座、联合开采矿山 9 座。

5.6　我国金矿开采回采率区域特征

全国金矿资源平均开采回采率 94.10%，各地区采矿开采回采率对比如图 5-4 所示。金矿平均开采回采率超过行业平均值的省（区）有福建省、浙江省、江苏省、吉林省和内蒙古，其中福建省的金矿平均开采回采率为全国最高，达 98.88%。除甘肃、江西、河南、

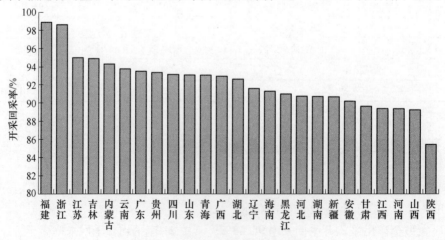

图 5-4　各省金矿平均开采回采率

山西、陕西五个省份外，其余省份金矿的开采回采率都在90%以上。各省区黄金开采回采率均保持较高水平，开采回采率水平比较接近。福建紫金山金铜矿为大型金矿，产量占全省90%以上，设计开采回采率为97%，实际开采回采率99.05%。山东大多数金矿采用充填法采矿，可有效提高矿石回采率，减少矿石损失量，充分利用资源，有效地控制地压，还可将矿山生产的废石及尾矿回填在地下采空区中，减少地面废石排放和对周围环境的影响。例如，山东黄金矿业（玲南）有限公司玲珑矿区、金矿业股份有限公司夏甸金矿、三山岛金矿、焦家金矿等矿山，皆采用充填采矿法，矿山开采回采率都在90%以上。

6　金矿选矿回收率及其影响因素

　　2011 年 633 座连续正常生产金矿山共有 551 座连续正常生产选矿厂（堆浸场），设计年选矿生产能力 1.33 亿吨，实际处理金矿石 1.11 亿吨，产能利用率 83.44%，平均入选原矿品位 1.73g/t，平均选矿回收率 83.38%，平均精矿品位为 65.44g/t。2015 年平均选矿回收率 82.49%，2016 年平均选矿回收率 89.22%。

6.1　金矿选矿厂分布

　　我国金矿选矿厂分布与采矿生产能力分布高度一致，主要分布在福建、山东、内蒙古、云南、吉林、河南等地，各省（区）2011 年金矿采出矿石量与入选矿石量对比见表 6-1，全国多数省区金矿采选比大于 1，说明金矿可能普遍存在超过采矿许可证核定生产能力的情况。

表 6-1　各省（区）金矿采出量与入选量对比

省（区）	实际采出矿石/万吨	设计选矿能力/万吨	实际入选矿石量/万吨	采选比
福建	2832.55	5574.00	3390.83	1：1.20
山东	1679.62	1796.95	1963.77	1：1.17
内蒙古	450.40	936.05	937.90	1：2.08
云南	683.55	699.46	787.06	1：1.15
吉林	704.33	659.60	711.21	1：1.01
河南	430.12	810.68	499.50	1：1.16
陕西	399.29	522.78	487.27	1：1.22
江西	179.41	159.93	350.11	1：1.95
河北	251.14	364.24	261.24	1：1.04
湖北	83.02	128.80	217.39	1：2.62
辽宁	169.57	232.90	203.74	1：1.20
甘肃	138.11	189.00	174.96	1：1.27
新疆	194.47	171.70	171.45	1：0.88
青海	170.85	129.88	162.08	1：0.95
贵州	150.84	171.30	159.99	1：1.06
湖南	158.56	171.40	139.85	1：0.88
四川	84.23	156.09	118.50	1：1.41
安徽	135.86	120.30	115.83	1：0.85
黑龙江	15.99	77.55	81.54	1：4.61

省（区）	实际采出矿石/万吨	设计选矿能力/万吨	实际入选矿石量/万吨	采选比
广西	78.30	92.60	73.67	1∶0.89
海南	36.95	52.18	40.30	1∶1.09
山西	35.90	48.65	35.80	1∶1.00
广东	24.67	24.75	24.67	1∶1.00
浙江	3.22	13.68	3.22	1∶1.00
江苏	0.28	4.83	0.28	1∶1.00

福建省金矿选矿厂总设计处理能力5574万吨，实际入选原矿3390.83万吨，入选矿石量主要集中在紫金矿业紫金山金铜矿（3331.22万吨），主要采用重选-炭浸-堆浸联合工艺处理金矿石，选矿回收率85.48%。

山东省金矿选矿厂总设计处理能力1945.45万吨，实际入选原矿1963.77万吨，入选矿石量主要集中在山东黄金、招金、山东中矿下属金矿山（合计金入选量1541.1万吨），选矿方法多采用浮选、重选-浮选和氰化浸出法且引进了不少先进设备，大部分矿山选矿回收率在90%以上，矿石中金元素的回收水平较高，山东省金矿平均选矿回收率86.90%。

内蒙古自治区金矿选矿厂设计处理能力936.05万吨，实际入选原矿937.90万吨，主要集中在内蒙古太平矿业有限公司浩尧尔忽洞金矿选矿厂（处理量662万吨），采用堆浸炭吸附工艺，原矿品位0.82g/t，回收率45.2%。

云南省金矿选矿厂设计处理能力699.46万吨，实际入选原矿787.06万吨，其中采用堆浸工艺处理矿石量687.7万吨。选矿生产能力主要集中在鹤庆北衙矿业北衙铁金矿、云南黄金镇沅分公司、广南县底圩金矿、广南老寨湾金矿。

河南省金矿选矿厂设计处理能力810.68万吨，实际入选原矿499.50万吨。选矿生产能力主要集中在小秦岭地区的河南金源、灵宝金源、庙岭金矿所属矿山选矿厂，河南省境内暂无成规模的含砷、含碳等难选冶矿石，一般采用浮选和氰化法，选矿回收率较高。

不同省（区）金矿选矿厂选矿回收率如图6-1所示。

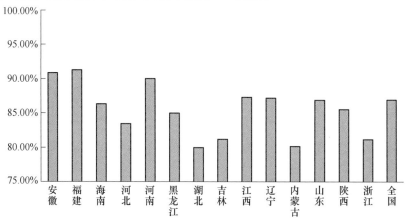

图6-1　不同省（区）金矿选矿厂选矿回收率

云南省金矿石入选品位 0.64~2.96g/t，平均入选品位 1.57g/t，38 座矿山有 29 座矿山采用堆浸工艺，堆浸回收率一般不高。

6.2　选矿回收率与矿石类型的关系

金矿选矿回收率与矿石工业类型关系统计归纳见表 6-2。岩金矿选矿方法最普遍的是浮选，通过回收硫化物来富集金，我国采用浮选处理岩金的选矿厂占 60% 以上，说明我国金精矿主要由黄金冶炼厂进一步回收黄金。氧化程度较高的矿石常采用直接氰化浸出，即全泥氰化工艺；重选一般用于含有颗粒金的矿石，包括砂金，但往往作为整个流程的一部分，还需要通过浮选、氰化方法来回收其他不以颗粒金形式存在的细粒金。

表 6-2　选矿回收率与矿石工业类型的关系

矿石类型	数量/座	入选品位/$g \cdot t^{-1}$	生产能力/万吨·年$^{-1}$	入选矿石量/万吨	选矿回收率/%
岩金	548	1.73	13232.7	11092.56	77.31
砂金	3	0.54	40.10	19.6	80.37
合计	551	1.73	13318.3	11112.15	83.38

选矿回收率与选矿方法关系统计归纳见表 6-3。

表 6-3　选矿回收率与选矿方法的关系

工　艺	选厂或堆浸场/座	入选矿石量/万吨	入选品位/$g \cdot t^{-1}$	回收率/%
单一浮选	316	3779.89	2.54	84.62
单一重选	16	102.09	1.67	71.57
堆浸	173	2954.23	2.07	71.41
浮选-氰化	11	123.29	3.00	83.38
浮选-重选	5	64.73	3.01	93.09
混汞法	2	4.42	0.91	87.19
重选-浮选	19	665.96	0.63	17.51
重选-氰化	4	86.33	3.30	91.85
重选-炭浸-堆浸	5	3331.22	0.62	85.48
合计	551	11112.15	1.73	83.38

7 金矿综合利用率及其影响因素

7.1 金矿共伴生资源

我国金矿主要以独立矿床为主，我国 633 座连续正常生产金矿山中，有 113 座矿山含有共伴生组分；含有共伴生组分的黄金资源占储量的 25.22%，独立黄金资源储量占74.78%。我国金矿资源中已查明 11 种共伴生组分资源储量，包括硫、萤石、铅、砷、锑、铁、铜、钨、锌、银、自然硫。金矿共伴生矿产资源及其储量见表 7-1。

表 7-1 金矿共伴生矿产资源储量统计

共伴生矿产组分/组分名称	统计对象与单位	资源储量		
		累计查明	2011 年消耗	2011 年保有
铜	铜/t	2397291.10	30619.52	2133407.10
	矿石/kt	622789.76	10252.31	536292.34
铅	铅/t	593529.88	10869.21	185202.33
	矿石/kt	50391.80	2554.67	24825.12
锌	锌/t	142250.20	3451.71	127893.59
	矿石/kt	9102.65	203.27	7971.65
银	银/t	2423687.40	21619.14	2331250.64
	矿石/kt	757176.44	18934.62	614609.01
锑	锑/t	374567.00	11193.16	113912.00
	矿石/kt	12360.93	538.00	3742.29
铁	铁矿石/kt	40892.60	1847.43	30155.60
钨	WO_3/t	32206.00	616.00	7110.00
	矿石/kt	8853.00	238.00	2097.00
硫铁矿	硫/kt	5878.32	239.95	2760.48
	矿石/kt	518031.47	6557.40	480760.61
普通萤石	CaF_2/kt	12.30	4.44	12.30
	矿石/kt	35.02	12.70	35.02
砷	砷/t	132142.00	4407.30	68648.50
	矿石/kt	11657.10	390.78	6327.97
自然硫	硫/kt	73812.80	1700.60	16449.70
	矿石/kt	1636965.70	950.29	1619632.96

7.2　共伴生资源综合利用

我国共有 157 座金矿山开展了共伴生矿产利用。金矿共伴生组分中，硫、铅、砷、锑、铁、铜、钨、锌、银、自然硫等 10 种共伴生组分已不同程度回收利用。当年，黄金矿山通过综合利用回收铜 10 万吨、锑 1 万吨、白银 179t、黄铁矿中硫 62 万吨、自然硫 11.6 万吨、铅 7458t、铁 54 万吨、三氧化钨 339t、锌 1837t。其中锑、铜、自然硫的平均回收率较高，分别为 90.52%、78.40% 和 78.33%，伴生铁的回收率也达 75.28%。

全国金矿共伴生综合利用率 65.66%，金矿矿产资源综合利用率 72.15%（见表 7-2）。

表 7-2　金矿共伴生矿产资源利用情况

组分名称	矿山数/处	已利用数/处	平均回收率/%	年回收利用量
硫铁矿中硫	27	21	44.18	62.85 万吨
铅	17	16	62.89	7458.13t
砷	1	1	61.00	2192.90t
锑	4	4	90.52	10325.33t
铁	9	9	75.28	53.96 万吨
铜	31	28	78.40	104062.52t
钨	1	1	63.57	339.82t
锌	9	8	74.39	1837.50t
银	78	66	68.41	179401.24kg
自然硫	4	3	78.33	116124.54t

8　金矿开发集约化程度

　　从 2012~2014 年"三率"调查表明，在我国重要矿产资源中，金矿集约化程度高，数量占比 8.53% 的大型矿山实现了 72.64% 的采矿产能。

　　从矿山数量来看，我国金矿以小型矿山为主。小型矿山共 407 座，占金矿山总数的 64.30%；中型矿山 114 座，占金矿山总数的 18.01%；小矿 58 座，占总金矿数量的 9.16%；大型矿山 54 座，占总金矿数量的 8.53%。

　　从矿石产量来看，我国金矿石生产以大型矿山为主，大型矿山设计采矿能力 7600.24 万吨，实际采矿 6281.70 万吨，占全国采出矿石量的 72.09%；中型矿山设计采矿能力 1273.23 万吨，实际采矿 1022.77 万吨，占全国采出矿石量的 11.74%；小型矿山设计采矿能力 1475.38 万吨，实际采矿 1335.05 万吨，占全国采出矿石量的 15.32%；小矿设计采矿能力 114.15 万吨，实际采矿 74.14 万吨，只占全国采出矿石量的 0.85%。以上事实说明我国金矿资源虽然小矿居多，但大型矿床对黄金生产起支配作用。

9 金矿选矿集约化程度

从 2012~2014 年"三率"调查表明，我国金矿选矿集约化程度一般，数量占比 3.37% 的大型选矿厂实现了 52.76% 的选矿产能。我国金矿采选规模划分标准差距较大，大型矿山规模标准为 15 万吨，大型选矿厂规模为 100 万吨；中型矿山规模标准为 6 万~15 万吨，中型选矿厂规模为 20 万~100 万吨；因此，金矿大中型矿山采选企业数量不一致。如果将大中型选矿厂一起统计，则数量占比 14.83% 的大、中型选矿厂实现了 79.24% 的选矿产能，集约化程度高。

我国金矿选矿厂以小型选矿厂为主，小型选矿厂共 471 座，占选矿厂总数的 85.17%；大型金矿选矿厂仅 18 座，占选矿厂总数的 3.25%。

我国金矿选矿厂产能以大型选矿厂为主，18 家大型选矿厂年处理原矿 5862.62 万吨，占总数的 52.76%，不同生产建设规模金矿选矿厂数量及生产能力见表 9-1。

表 9-1 金矿选矿规模和生产能力统计

规模	标准	数量 /座	入选品位 /g·t^{-1}	生产能力 /万吨·年$^{-1}$	入选矿石量 /万吨	选矿回收率 /%
大型	>100	18	1.39	8234.3	5862.62	81.26
中型	20~100	64	2.74	2715.64	2943.09	81.38
小型	<20	469	2.89	2368.36	2306.44	87.15
合计		551	2.39	13318.3	11112.15	83.38

10 金矿尾矿排放及循环利用情况

10.1 黄金矿山废石排放及利用情况

（1）废石总量及区域分布特征。全国 129 个地市堆存有金矿废石 15 亿吨以上。39 个地市废石堆存量均超过 100 万吨，占全国总量的 97.92%；其中龙岩、伊春、巴彦淖尔、黔西南、大理、延边、阿拉善等 7 个地市废石堆存量均超过 1000 万吨，占全国总量的 82.48%；龙岩市和伊春市均超过 1 亿吨，这两地金矿废石总量占全国的 55.36%，紫金山金铜矿以露天采矿为主，废石总量超过 3 亿吨。

（2）废石堆存量增长变化。"十二五"以来，黄金矿山废石堆存量增加超过 7 亿吨，增加 105%。黄金矿山年产生废石 1.6 亿吨，堆存量年增加 1.17 亿吨。

10.2 黄金矿山尾矿排放及利用情况

（1）尾矿总量及区域分布特征。全国 132 个地市堆存黄金矿山尾矿 13 亿吨以上；巴彦淖尔、丹东等 60 个地市金矿尾矿堆存量均超过 100 万吨，占全国总量的 97.69%；其中，伊春、曲靖、三门峡等 14 个地市金矿尾矿堆存量均超过 1000 万吨，占全国总量的 75.93%；龙岩市和烟台市的金矿尾矿堆存量均超过 1 亿吨，这两市堆存量占全国 51.06%。

（2）尾矿堆存量增长变化。"十二五"以来，黄金矿山尾矿堆存量增加超过 6 亿吨，增加 82.57%。黄金矿山年产生尾矿 1.3 亿吨，堆存量年增加 1 亿吨以上。

11　我国十大黄金矿山和十大黄金选矿厂

我国十大黄金矿山见表 11-1。

表 11-1　我国十大黄金矿山

矿山名称	地区	年采出矿量/万吨	实际开采回采率/%	开采方法
紫金矿业集团股份有限公司紫金山金铜矿	福建	3223	98.74	组合台阶采矿法
内蒙古太平矿业有限公司浩尧尔忽洞金矿	内蒙古	1837	100.00	组合台阶采矿法
珲春紫金矿业有限公司北山矿	吉林	404	96.95	单斗挖掘机采矿法
内蒙古金中矿业有限公司巴彦哈尔敖包金矿	内蒙古	255	97.00	组合台阶采矿法
鹤庆北衙矿业有限公司鹤庆县北衙铁金矿	云南	174	97.07	走向长壁采矿法
山东黄金矿业股份有限公司三山岛金矿	山东	152	92.10	上向进路充填采矿法
陕西太白黄金矿业有限责任公司太白金矿	陕西	139	86.00	留矿采矿法
招金矿业股份有限公司夏甸金矿	山东	123	92.51	上向分层充填采矿法
招远市河西金矿河西矿区	山东	117	95.32	上向分层充填采矿法
招金矿业股份有限公司大尹格庄金矿	山东	110	92.70	上向分层充填采矿法

注：2018 年矿业权人勘查开采公示数据。

我国十大黄金选矿厂见表 11-2。

表 11-2　我国十大黄金选矿厂

矿山选矿厂	地区	入选矿石量/万吨	选矿方法	入选品位/g·t^{-1}	选矿回收率/%
紫金山金铜矿二选厂	福建	1366.79	重选-细泥炭浸-粗矿堆浸	0.62	85.48
紫金山金铜矿一选厂	福建	987.07	重选-细泥炭浸-粗矿堆浸	0.62	85.48
紫金山金铜矿三选厂	福建	724.69	重选-细泥炭浸-粗矿堆浸	0.62	85.48
内蒙古太平矿业选冶厂	内蒙古	662	堆浸	0.82	45.2

续表 11-2

矿山选矿厂	地区	入选矿石量 /万吨	选矿方法	入选品位 /g·t^{-1}	选矿回收率 /%
珲春紫金矿业 9500t/d 系统	吉林	337.42	浮选	0.59	69.39
蛇屋山金矿选矿厂	湖北	196.18	堆浸	0.75	80
玲南选矿厂	山东	193	浮选	2.42	95.79
珲春紫金矿业 4000t/d 系统	吉林	190.62	浮选	0.59	69.39
焦家金矿选矿厂	山东	190	浮选	2.5	93.19
三山岛金矿选矿厂	山东	188	浮选	1.96	94.74

注：2012~2014 年"三率"调查数据。

12　国外典型金矿技术指标

2012~2014 年，"三率"调查期间调查了国外部分典型金矿山的采、选指标，回收率指标等内容，通过与产量加权平均大致估算这些典型矿山的金矿平均入选品位约为 3.70g/t，选矿回收率约为 82.64%，其中平均入选品位远高于我国的 2.39g/t，而选矿回收率却低于我国的 83.38%（见表 12-1）。由此可以看出，我国在金矿采选领域工艺技术具有一定的先进性。

表 12-1　全球部分典型金矿山采选指标（2012 年）

矿山名称	储量/t	品位 /g·t⁻¹	矿石类型	产量 /t	选冶 回收率/%	采矿方法	选矿工艺	产能 /t·d⁻¹	入选品位 /g·t⁻¹
South Deep （南非）	1237.5	5.5	贫硫沉积型 石英脉金矿	8.49	95.2	地采	CIP	11000	4.2
Tarkwa （加纳）	317.76	1.2	贫硫沉积型 石英脉金矿	22.31	81.84	露采	CIL、堆浸	74000	1.2
Damang （加纳）	104.89	1.7	贫硫热液及 沉积型金矿	6.77	91.8	露采	重选；CIL	17000	1.5
St Ives （澳大利亚）	87.17	2.3	太古绿岩 贫硫型金矿	14.45	79.96	露采、地采	重选；CIP、 堆浸	25000	0.6
Agnew （澳大利亚）	40.47	5.7	太古绿岩 贫硫型金矿	6.03	94	地采	重选；CIP	5000	7.0
Cerro Corona （秘鲁）	99	0.9	斑岩型 铜金矿	5.00	95	露采	浮选	22000	1.22
Kettle River （美国）	8.28	10.18	贫硫石英 脉金矿	4.85	92.1	地采	浮选、CIP	1800	13.27
Kupol （俄罗斯）	Au 75.17	9.29	低硫热液 金银矿	17.98	93.5		重选、 氰化锌置换	3200	12.06
Paracatu （巴西）	555.14	0.4	少硫（3%） 微细粒金矿	14.51	72.7	露采	重选、浮选、 CIP	160000	0.38
La Coipa （智利）	Au 13.03	1.52	贫硫石英 脉金银矿	5.56	80.6	露采	氰化锌置换	17300	0.75
Maricunga （智利）	133.62	0.72	贫硫石英 脉金矿	7.35	75.6	露采	堆浸	40000	0.64
Chirano （加纳）	53.72	2.65	贫硫石英 脉金矿	9.12	93.0	地采；露采	CIP	12000	2.91

矿山名称	储量/t	品位/g·t⁻¹	矿石类型	产量/t	选冶回收率/%	采矿方法	选矿工艺	产能/t·d⁻¹	入选品位/g·t⁻¹
Olimpiada（俄罗斯）	933.31	3.3	少硫和中硫化物金矿	20.31	73.7	露采	重选、浮选、生物氧化、CIL	27000	3.4
Blagodatnoye（俄罗斯）	285.45	2.24	贫硫石英脉金矿	12.47	86.4	露采	重选、浮选、CIL	20000	2.1
Titimukhta（俄罗斯）	49.45	3.24	贫硫石英脉金矿	3.64	82.2	露采	重选、尾矿氰化	8000	2.1
Verninskoye（俄罗斯）	136.22	2.48	少硫和中硫化物金矿	1.43	64.2	露采	重选、浮选、氰化	5000	2.2
Alluvial（俄罗斯）	40.11	0.66	现代沉积砂金矿	6.66		采金船露采	重选	33200m³	0.7g/m³
Kuranakh（俄罗斯）	83.97	1.39	贫硫石英脉金矿	4.29	86.6	露采	重选、氰化	13000	1.3
Kışladağ（土耳其）	313.3	0.7	贫硫石英脉金矿	8.99	81	露采	堆浸	4000	1.2
Efemçukuru（土耳其）	40.41	7.77	贫硫石英脉金矿	2.08	92.7	地采	重选、浮选、氰化	1350	9.26
加权平均					82.64				3.70

第2篇 我国重要黄金矿山调查报告

WOGUO ZHONGYAO HUANGJIN KUANGSHAN DIAOCHA BAOGAO

1 板庙子金英金矿

1.1 矿山基本情况

板庙子金英金矿为地下开采金矿的大型矿山，无共伴生矿产；该矿于 2007 年 8 月 27 日建矿，2008 年 11 月 8 日投产。矿区位于吉林省白山市浑江区，距白山市内仅 8km，距白山至长春一级公路约 2km，有水泥路相通，有铁路和高速公路相通，交通方便。矿山开发利用简表详见表 1-1。

表 1-1 板庙子金英金矿开发利用简表

基本情况	矿山名称	板庙子金英金矿	地理位置	吉林省白山市浑江区
	矿山特征	第四批国家级绿色矿山	矿床工业类型	角砾岩型岩金矿床
地质资源	开采矿种	金矿	地质储量/kg	27782
	矿石工业类型	岩金矿石	地质品位/g·t^{-1}	3.7
开采情况	矿山规模	66 万吨/年，大型	开采方式	地下开采
	开拓方式	斜坡道开拓	主要采矿方法	分段矿房法、分段空场嗣后充填法采矿
	采出矿石量/万吨	81.4	出矿品位/g·t^{-1}	3.38
	废石产生量/万吨	42.6	开采回采率/%	92.79
	贫化率/%	14.68	开采深度/m	750~-200（标高）
	掘采比/米·万吨$^{-1}$	119.4		
选矿情况	选矿厂规模	66 万吨/年	选矿回收率/%	85.94
	主要选矿方法	二段一闭路破碎，两段两闭路磨矿，全泥氰化+炭浆工艺		
	入选矿石量/万吨	81.04	原矿品位/g·t^{-1}	3.39
	合质金产量/kg	2847	合质金品位/%	83
	尾矿产生量/万吨	81.04	尾矿品位/g·t^{-1}	0.48
综合利用情况	综合利用率/%	79.74	废石处置方式	废石场堆存和外销
	废石利用率/%	102.82	尾矿处置方式	尾矿库堆存
	废水利用率/%	79.57	尾矿利用率	0

1.2　地质资源

1.2.1　矿床地质特征

1.2.1.1　地质特征

吉林省板庙子金英金矿矿床工业类型为角砾岩型岩金矿床，矿石工业类型为岩金。矿体呈透镜体或不规则的层状沿北东向断裂构造展布，岩性为硅化构造角砾岩，由于矿体受构造控制，构造裂隙发育，构造破碎带和地下水是矿体的不稳定因素。矿山开采范围内有四条主要矿体，编号为 1、2、3、4，矿体走向长度在 110~500m 之间，矿体倾角平均为 43°~50°，矿体平均厚度为 7.3~16.1m，矿体赋存深度为 40~215m，矿体及围岩稳固程度均为中等稳固矿岩，水文地质条件属简单类型。矿区出露地层为早元古宙老岭群珍珠门组，其岩性主要为硅化白云质大理岩及角砾状白云质大理岩，为一套浅海-滨海相富镁质碳酸盐岩沉积建造。分布于矿区的北部，呈北东向带状展布，总体倾向北西。与上覆晚元古宙地层呈断层接触；晚元古宙青白口系及震旦系，其岩性主要为含铁锈斑点石英砂岩、含海绿石石英砂岩及角砾岩。为一套浅海-滨海相碎屑沉积岩建造。矿区构造主要以北东向及北西向两组断裂构造为主。矿区岩浆岩不甚发育，以零星出露的花岗斑岩及闪长玢岩为主。

1.2.1.2　矿石特征

A　矿石物质组成

矿石中有益矿物为自然金、含银自然金和极少量的银金矿。氧化矿物有褐铁矿（针铁矿为主）、赤铁矿、石英、玉髓、金红石等。金属硫化物有黄铁矿、胶状黄铁矿、偏胶状黄铁矿、白铁矿和极少量或微量的毒砂、方铅矿、闪锌矿、黄铜矿和磁黄铁矿。非金属矿物有重晶石、白云石和极少量或微量的铁白云石、方解石、绢云母和白云母，此外含极少量黏土矿物、绿泥石等。其中主要矿物为石英、玉髓、白云石、重晶石、黄铁矿、白铁矿、赤铁矿、褐铁矿，其他矿物很少出现。金属硫化物含量极少，它们主要以稀疏浸染状、细脉状或团块状分布在硅化构造角砾岩带中，且基本不与褐铁矿、赤铁矿同时出现，也不与自然金粒成连生体。

（1）黄铁矿。分布相对较广的金属矿物之一，除大量出现在矿石和蚀变砂岩中外，在未蚀变（弱蚀变）的石英砂岩中也经常出现。在矿体中是分布范围较狭窄的金属矿物，是矿石中可见的主要金属矿物之一。黄铁矿形成于多期，多呈自形晶、半自形晶或他形晶粒状，一部分呈胶状和偏胶状。根据其粒度、结晶形态和分布，矿石中可分出三个世代的黄铁矿，但只有累计不到 20% 的金赋存于黄铁矿中。

（2）白铁矿。矿床内仅见于金矿体或金矿化的硅化构造角砾岩中，是分布空间范围狭窄、金属硫化物含量居第二位的矿物。颗粒呈他形细粒（粒度多大于 0.01mm）。白铁矿多呈自形-半自形晶沿石英裂隙和粒间充填交代，有时与自形细粒状黄铁矿（或偏胶状黄铁矿）连生，另外也常见到白铁矿在胶状黄铁矿细脉两侧出现嵌边外壳现象。在矿石中呈微细脉状、网脉状、网格状和微粒板状等状态产出，有时和暗灰黄色细粒黄铁矿呈稠密浸染状、团块状一起充填在矿石裂隙中或胶结硅化构造角砾岩的角砾中。在矿石中多呈稀疏浸染或富集成粗粒的团块体并与黄铁矿连晶,个别有白铁矿交代粗粒黄铁矿现象;晚期沿裂隙以充填注入方式呈小细脉及网脉状出现。

(3) 毒砂。在矿石中含量极少。晶体粒径大小不一,较粗粒毒砂为 0.2~0.5mm,自形程度差,呈他形晶粒状集合体与胶状黄铁矿紧密连生;细粒毒砂 0.05~0.2mm,一般自形晶程度较好,显菱形、菱柱状晶体形态,结晶时间同晚期黄铁矿。

(4) 黄铜矿。微粒结构,多呈微晶集合体状充填于石英晶隙、裂隙中,偶见有黄铜矿微晶集合体和自然金粒连生。粒度极细 (<0.01mm)。

(5) 方铅矿、闪锌矿。微细粒结构,呈分散浸染状分布于石英晶隙中,偶见自然金粒和闪锌矿连生。

(6) 赤铁矿。多和铁白云石、石英屑及方解石混合成胶结物状,或呈细网脉状、不规则细脉状充填于硅化构造角砾岩矿石裂隙中,致使硅化构造角砾岩型矿石呈褐红-赤红-紫红色。在矿层顶板和底板岩层碎裂岩带中,也有赤铁矿网脉、细脉充填。

(7) 褐铁矿。常见细小条状集合体充填于石英晶隙中,粒度极细小 (0.01~0.02mm)。矿床中另一种褐铁矿常呈金属硫化物黄铁矿及白铁矿的假象出现,是晚期矿化阶段的金属硫化物受到氧化作用分解淋滤的产物。它是由隐晶质纤铁矿、针铁矿、水针铁矿及少量的黏土矿物组成的混合物。镜下观察发现有显微粒状的金矿物赋存在褐铁矿内或在褐铁矿化石英孔隙中,说明金矿物与褐铁矿有一定的空间分布关系。

(8) 石英。分布最为广泛,在矿石中并具有高含量。呈他形粒状或不规则状产出,通常粒径 0.005~1mm,硅化强处粒径 3~10mm,个别者呈团块状产出。受应力作用石英波状消光明显,并伴有拉长、定向排列。个别石英裂纹发育、定向性不好,已不同程度碎粒化。同时,硅化石英中孔隙、空洞发育,为金矿化提供了方便空间;绝大多数金矿物赋存于石英孔隙、空洞中。

(9) 绢云母。呈细鳞片状微晶集合体,和成矿热液期硅化石英相伴随,分布不均匀,局部地段发育。是本区含量少、分布不普遍的交代蚀变矿物,主要是交代原岩中长石矿物而成,但由于遭受到后期硅化叠加,先期蚀变的绢云母矿物被后期石英矿物代替,往往和细粒石英组成绢英岩化;主要是在晚期黄铁矿、白铁矿叠加矿化地段发育,局部形成绢英岩。

B　矿石结构、构造

矿石结构主要有自形、半自形变晶结构,他形晶粒结构,他形粒状变晶结构,填隙结构,镶边结构,重结晶交代结构,交错脉状结构,网状结构,碎裂结构,压碎结构。其中碎裂结构和他形晶粒状结构常见,交错脉状结构只在黄铁矿叠加矿化地段发育。

矿石构造主要是角砾状构造、脉状构造、团块状构造、浸染状构造、致密块状构造、胶状构造。矿石中也常见星散浸染状构造、细脉浸染状构造。

C　金矿物的嵌布状态

金矿物以自然金为主,含银自然金和银金矿均很少出现。金矿物绝大多数产于石英孔隙中,少量金矿物包含于石英、褐铁矿-赤铁矿等矿物中以及分布于它们粒间,即金矿物可分为三种嵌存类型:孔隙金、包裹金和粒间金。

矿区金矿物主要以孔隙金形式存在（占 80.96%），少量金以包裹金形式产出（占 12.64%），粒间金最少（占 6.4%）。三者之比为：12.61∶1.97∶1。

孔隙金主要与石英关系密切。产于石英孔隙中的金达 97.17%，产于褐铁矿-赤铁矿、重晶石及硅化白云质大理岩孔隙中的金总共不到 3%。

包裹金主要产于石英和褐铁矿-赤铁矿中，这两种形式占包裹金的 96.37%，产于重晶石和硅化大理岩中的金矿物仅占 3.64%。

粒间金以石英晶隙金为主，石英与重晶石粒间金次之，再次为石英-褐铁矿（赤铁矿）粒间金，石英与大理岩粒间金最少。

金矿物形态有蠕虫状、麦粒状、角砾状、针状、枝杈状、不规则状等，个别金矿物具有平直边界。

金矿物颗粒普遍很细，未发现粗粒金，甚至没有见到中粒金，细粒金也非常少。绝大多数金矿物呈微粒金形式存在，含量达 92.24%，并尤以 0.005~0.001mm 粒级居多，占 85.06%；其次显微金含量位居第二，占 7.08%；细粒金仅占 0.57%。

D　矿石类型

矿石自然类型为蚀变岩型，矿石工业类型按矿石金属硫化物含量，蚀变矿物及成因类型等因素划分为极贫硫化物型和硫化物型矿石。其中极贫硫化物型矿石占矿石总量约 80%，硫化物型矿石占矿石总量约 20%。

1.2.2　资源储量

矿石中主要有益组分为金，其次为银，其他有益有害组分含量均很低，无综合回收利用价值，也达不到规范规定的伴生有益组分和有害组分的限量。

截至 2013 年年底，矿山累计查明金矿矿石量为 7164kt，金属量为 27782kg，保有金矿矿石量为 3736kt，金属量为 13811kg，金矿平均地质品位（Au）为 3.7g/t。

1.3　开采情况

1.3.1　矿山采矿基本情况

板庙子金英金矿为地下开采的大型矿山，采取斜坡道开拓，使用的采矿方法为分段空场嗣后充填法。矿山设计年生产能力 66 万吨，设计开采回采率为 88%，设计贫化率为 15%，设计出矿品位 3.43g/t。

1.3.2　矿山实际生产情况

2013 年，矿山实际出矿量 81.4 万吨，排放废石 42.6 万吨。矿山开采深度为 750~-200m 标高。具体生产指标见表 1-2。

表 1-2　矿山实际生产情况

采矿量/万吨	开采回采率/%	贫化率/%	出矿品位/g·t⁻¹	掘采比/米·万吨⁻¹
82.4	92.79	14.68	3.38	119.4

1.3.3 采矿技术

该矿山在采矿方面建立了适用于高寒地区的湿喷混凝土料浆制备系统，引进了湿喷混凝土台车、凿岩台车、铲运机、卡车为核心的掘进与支护新工艺，大大加强了井下巷道的掘进速度，提高了巷道支护安全标准；创建了尾砂胶结充填、废石胶结充填和废石充填三大联合充填工艺，以及自流、泵送两大料浆输送方式为核心的充填模式，提高了充填能力。

采矿实现了大直径深孔机械化装药高精度爆破技术与工艺，并且引进了高精度的电子数码雷管，提高了采场爆破效率，增加了采场矿石回收率，降低了贫化率。

采矿取缔了高成本、低效率、高安全风险的人工普通掘进天井法，采用深孔台车凿岩中深孔一次爆破成井的方法，提高了天井的掘进效率，降低了安全风险。

矿山主要采矿设备明细见表1-3。

表1-3 矿山主要采矿设备明细

序号	设备名称	设备型号	数量	备注
1	铲运机	R1700G	2	
2	绞卡	A35E	4	
3	凿岩台车	H205D	2	
4	装载机	CLG856	5	
5	挖掘机	EC55BDRO	1	
6	挖掘机	CLG906	1	
7	地下铲运机	JZC-10	2	
8	凿岩台车	BOOMER282	3	
合计			20	

1.4 选矿情况

1.4.1 选矿厂概况

板庙子金英金矿选矿厂设计年选矿能力为66万吨，设计入选品位为2.98g/t，最大入磨粒度为18mm，磨矿细度为-0.074mm占80%~82%。采用二段一闭路破碎，采用两段两闭路磨矿流程，选矿为全泥氰化+炭浆工艺流程，选矿产品为合质金，金品位为83%。

该矿山2011年、2013年选矿情况见表1-4。选矿工艺流程如图1-1所示。

表1-4 金英金矿选矿情况

年份	入选量 /万吨	入选品位 /g·t⁻¹	选矿回收率 /%	选矿耗水量 /t·t⁻¹	选矿耗新水量 /t·t⁻¹	选矿耗电量 /kW·h·t⁻¹	磨矿介质损耗 /kg·t⁻¹
2011	70.9	4.37	81.57	1.38	0.25	28.5	3.05
2013	81.04	3.39	85.94	1.38	0.258	51.127	2.91

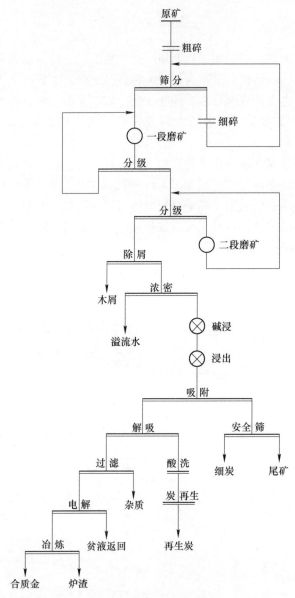

图 1-1　选矿工艺流程

1.4.2　选矿工艺流程

1.4.2.1　破碎筛分流程

采用二段一闭路流程。粗碎给矿最大粒度为 750mm，细碎给矿最大粒度为 150mm，处理能力为 111.11t/d，最终破碎产品粒度为 0~18mm。

原矿在原矿堆场配矿后给入粗碎原矿仓，矿石经 GBZ160-7 重型板式给料机给到 C110 粗碎破碎机，破碎后产品通过 1 号胶带输送机给到细碎间的 2 号胶带输送机，经 2 号胶带输送机给到 YA2460 圆振动筛。筛上产品经胶带输送机给入中间缓冲矿仓，矿石再由矿仓底部的给矿皮带给入 1 台 HP300 圆锥破碎机，破碎后产品给到胶带输送机形成闭路。圆振动筛下产品通过胶带输送机给入粉矿仓。

1.4.2.2 磨矿分级

采用两段两闭路磨矿。给矿最大粒度为 0~18mm，一段磨矿浓度为 75%，一段分级溢流细度为 $P_{60} = 0.074mm$，二段磨矿浓度为 70%，二段分级溢流细度为 $P_{80} = 0.045mm$。

粉矿仓内的物料由球磨机给矿胶带输送机给入 1 台一段 MQY4060 溢流型球磨机，球磨机排矿给入一段渣浆泵泵池，由一段渣浆泵扬送至 1 台 $\phi500×6$ 一段水力旋流器组进行检查分级，一段旋流器沉砂返回一段溢流型球磨机构成闭路，一段旋流器溢流自流至二段渣浆泵泵池，由二段渣浆泵扬送至 1 台 $\phi350×10$ 二段水力旋流器组进行预先检查分级，二段旋流器沉砂返回 1 台二段 MQY4060 溢流型球磨机构成闭路，二段旋流器溢流自流至 1 台 DZSF-1536 除屑筛除屑，除屑筛下自流至 GX-18 高效浓密机进行浸前浓密。

1.4.2.3 金回收

采用全泥氰化+炭浆工艺。浓密机底流经渣浆泵扬送到碱浸槽进行碱浸预处理，处理后的矿浆自流到 7 台浸出槽。浸出后的矿浆自流到 5 台吸附槽，吸附后的矿浆自流到 1 台安全筛，筛上炭回收处理，筛下矿浆到污水处理。新炭加到最后 1 台吸附槽，通过安装在 5 台吸附槽的 5 个空气提升器使炭从最后 1 台吸附槽逆着矿浆流向逐个向前一槽串炭，最后载金炭和矿浆一道从第一台吸附槽提出，提出的矿浆通过 DZSF-0916 载金炭分离筛筛出载金炭，筛下矿浆自流回吸附槽，筛上载金炭到解吸电解车间进行处理，处理后得到的金泥送冶炼进一步处理，最后得到成品金。

1.4.3 选矿新技术改造

板庙子金英金矿选矿厂采用氢氧化钠预处理，自 2011 年年初至年中，在总结大量试验的基础上，提出了技术改造方案，原则上是在现有流程不变的情况下，尽可能地利用现有设备，把 1~4 号浸出槽改成预处理槽，更换搅拌系统，加大搅拌能力，同时增加充气环，以提高槽体内充气量。增加两台罗茨风机，保证改造后浸出流程的充气量。

2011 年 9 月份开始，氢氧化钠预处理工艺进行调试及工业性试验，在四个月的调试阶段，不断调整及解决生产中出现的问题，于 2012 年正式运行，该工艺的运转是随时调整的，即生产和处理硫化矿时，启动该工艺，对矿石进行强碱预处理，正常处理氧化矿时，停止添加氢氧化钠，加石灰进行 pH 值控制。经过一年多的运行，该项目对于硫化矿石选矿回收率可提高约 6%，为矿山带来巨大的经济效益。采用氢氧化钠预处理工艺，利用氧气及氢氧化钠将矿浆充分氧化，金粒充分暴露，让氰化钠与金发生反应，提高金的回收率。

选矿厂主要设备型号及数量见表 1-5。

表 1-5　主要选矿设备型号及数量

工　序	设备名称	规格型号	使用数量/台（套）
粗碎	重型板式给料机	GBZ160-7	1
粗碎	颚式破碎机	C110	1
细碎	圆锥破碎机	HP300	1

工　序	设备名称	规格型号	使用数量/台(套)
筛分	圆振动筛	YA2460	1
磨矿	球磨机	MQY4060	2
一次分级	水力旋流器组	$\phi500\times6$	1
二次分级	水力旋流器组	350×10	1
除渣	除屑筛	DZSF-1536	1
浸出前浓密	浸前高效浓密机	GX-18	1
浸出	碱浸槽	$\phi8000\times8500$	1
浸出	浸出槽	$\phi9500\times10000$	7
吸附	吸附槽	$\phi8000\times8500$	5
空气提升	空气提升器	$\phi150$	5
载金炭分离	载金炭分离	DZSF-0916	1
安全筛	安全筛	DZSF-1225	1
解吸电解	解吸电解成套设备	LD-2000	1
制新炭	制新炭锥形搅拌槽	$\phi1500$	1
中和	中和槽	$\phi2000$	1
脱水	脱水筛	DZSF-0916	1
细炭分离	细炭分离筛	DZSF-0916	1
活性炭再生	活性炭再生窑	JHR-700	1

1.5　矿产资源综合利用情况

板庙子金英金矿为单一金矿，矿产资源综合利用率为 79.74%，尾矿平均品位（Au）为 0.48g/t。

废石集中堆存在废石场，截至 2013 年年底，废石场累计堆存废石 47 万吨，2013 年排放量为 42.6 万吨。废石利用率为 102.82%，处置率为 100%。

尾矿集中堆存在尾矿库，暂未利用。截至 2013 年年底，矿山尾矿库累计积存尾矿 628.4 万吨，2013 年排放量为 81.04 万吨。尾矿利用率为零，处置率为 100%。

2　陈 耳 金 矿

2.1　矿山基本情况

陈耳金矿为地下开采金矿的小型矿山，无共伴生矿产，于 1986 年 10 月建矿，1987 年
12 月建成投产。矿区位于陕西省商洛市洛南县，其东、北、西边均与河南省灵宝县接壤，
南距洛南县城 70km，北距陇海铁路罗敷火车站 125km，均有公路相通。矿部和选矿厂在
陈耳乡北部高村，至大王西峪矿区 6km，有矿区公路相通，交通较为方便。矿山开发利用
简表详见表 2-1。

表 2-1　陈耳金矿开发利用简表

基本情况	矿山名称	陈耳金矿	地理位置	陕西省商洛市洛南县
	矿山特征	第四批国家级绿色矿山	矿床工业类型	石英脉型金矿
地质资源	开采矿种	金矿	地质储量/kg	13797.29
	矿石工业类型	岩金矿石	地质品位/g·t^{-1}	14.22
开采情况	矿山规模	15 万吨/年，大型	开采方式	地下开采
	开拓方式	平硐-盲斜井-盲竖井联合开拓	主要采矿方法	全面采矿法和留矿法
	采出矿石量/万吨	11.34	出矿品位/g·t^{-1}	3.33
	废石产生量/万吨	5.30	开采回采率/%	90
	贫化率/%	14.68	掘采比/米·万吨$^{-1}$	762.6
选矿情况	选矿厂规模	16.5 万吨/年	选矿回收率/%	90
	主要选矿方法	三段一闭路破碎，一段闭路磨矿—浮选工艺		
	入选矿石量/万吨	11.72	原矿品位/g·t^{-1}	3.33
	尾矿产生量/万吨	11.72	尾矿品位/g·t^{-1}	0.29
综合利用情况	综合利用率/%	81.00	废水利用率/%	100
	废石排放强度/t·t^{-1}	19	废石处置方式	堆存和外销
	尾矿排放强度/t·t^{-1}	37.46	尾矿处置方式	尾矿库堆存
	废石利用率/%	87.17	尾矿利用率	0

2.2　地质资源

2.2.1　矿床地质特征

陈耳金矿矿床类型为石英脉型金矿，矿区内出露地层主要为太古界太华群大月坪组、板石山组及洞沟组。矿区位于大月坪-金罗斑复式背斜南翼，朱家沟断裂北侧，褶皱构造不发育，断裂构造十分发育金矿体严格受断裂构造控制。主要为近东西向或北西西向断裂，次一级为北西向、北东向和近南北向断裂。北西西向断裂是区内主要控矿断裂，断裂带长度200~3000m，宽度0.5~15m。走向275°~290°，倾向南南西，倾角38°~87°，一般40°~60°。矿区内14条含金石英脉型构造带严格受断裂构造控制。Q507号脉赋存于此组断裂带内。

Q507号矿脉Ⅵ号矿体的矿石类型有黄铁矿石英脉型金矿石、多金属硫化物型金矿石、黄铁绢云型金矿石，矿区矿石地质品位约为14.22g/t。

矿石矿物成分主要有自然金、银金矿、碲金矿、碲金银矿、方铅矿、铅钒、碲铅钒、黄铁矿、磁黄铁矿、黄铜矿、辉铜矿、斑铜矿、铜蓝等。脉石矿物主要为石英，次为绿泥石、黑云母、绢云母、碳酸盐类矿物。

矿石结构主要有自形-半自形结构、半自形-他形结构及碎裂结构。

矿石构造有不规则团块构造、条带状构造、网脉状构造、细脉浸染状构造、角砾状构造。

2.2.2　资源储量

陈耳金矿主矿种为金，矿区矿石金地质品位约为14.22g/t，矿山累计查明资源储量（金属量）13797.29kg。

2.3　开采情况

2.3.1　矿山采矿基本情况

陈耳金矿为地下开采的小型矿山，采取平硐-盲斜井-盲竖井联合开拓，使用的采矿方法有全面采矿法和留矿法。矿山设计年生产能力15万吨，设计开采回采率为89%，设计贫化率为20%，设计出矿品位3g/t。

2.3.2　矿山实际生产情况

2013年，矿山实际出矿量11.34万吨，排放废石5.30万吨。具体生产指标见表2-2。

表2-2　矿山实际生产情况

采矿量/万吨	开采回采率/%	贫化率/%	出矿品位/g·t⁻¹	掘采比/米·万吨⁻¹
11.34	90	14.68	3.33	762.6

2.4　选矿情况

陈耳金矿是根据 1985 年 7 月陕西省地矿局第六地质队提交的"大王西峪金矿详查报告"立项，1986 年由西安有色冶金设计研究院设计，1987 年 12 月建成 50t/d 的采选规模，1989 年改扩建形成 150t/d 的采选规模。1991 年经陕西省黄金公司决定并经国家黄金总公司批准，由西安有色冶金设计研究院进行了总体技术改造，形成了 500t/d 的生产规模。1998 年陈耳金矿进行了第四次技术改造，形成了现在 700t/d 的生产规模。

选矿厂设计年选矿生产能力 16.5 万吨，设计入选品位 3g/t，采用浮选、重选回收金精矿。2013 年入选矿石 11.72 万吨，入选品位 3.33g/t，选矿回收率 90%。

陈耳金矿选矿厂有两个系列，即 500t/d 系列和 200t/d 系列，两系列选矿工艺完全相同。

破碎流程采用三段一闭路破碎工艺，入碎矿石块度小于 200mm，破碎合格产品为 14mm。主要设备为：400×600 颚式破碎机 2 台；ϕ900mm 短头圆锥破碎机 2 台；2500×1000 细碎设备 2 台；SZZ$_2$1250×2500 自定中心振动筛 2 台。

磨矿为一段磨矿，磨矿细度 -0.074mm 占 65%~70%，设备为 MQG2122 格子型球磨机 1 台、MQG2430 格子型球磨机 1 台；FLG1500 高堰式单螺旋分级机和 FLG2000 高堰式单螺旋分级机各 1 台。

浮选工艺为一粗、一扫、三精。设备为 BSK4 浮选机 7 台、BSK8 浮选机 8 台、XJK1.1 充气式浮选机 4 台、XF2.2 浮选机 4 台。

2.5　矿产资源综合利用情况

陈耳金矿为单一金矿，矿产资源综合利用率 81%，尾矿平均品位（Au）为 0.29g/t。

截至 2013 年年底，废石场累计堆存废石 2.91 万吨，2013 年排放量为 6.08 万吨。废石利用率为 87.17%，处置率为 87.17%。

尾矿集中堆存在尾矿库，暂未利用。2013 年排放量为 12.10 万吨。尾矿利用率为零，处置率为 100%。

3 大石岩金铜矿

3.1 矿山基本情况

大石岩金铜矿为地下开采金矿、铜矿的中型矿山，于2005年9月建矿，2009年1月正式投产。矿区位于陕西省汉中市宁强县，距代家坝火车站约10km，距宁强县城约40km，有铁路和高速公路相通，交通方便。矿山开发利用简表详见表3-1。

表3-1 大石岩金铜矿开发利用简表

基本情况	矿山名称	大石岩金铜矿	地理位置	陕西省汉中市宁强县
	矿床工业类型	金矿床		
地质资源	开采矿种	金矿	地质储量	金矿石量50万吨
	矿石工业类型	岩金矿石	地质品位/g·t^{-1}	1.01
开采情况	矿山规模	6万吨/年，中型	开采方式	地下开采
	开拓方式	平硐开拓	主要采矿方法	留矿采矿法
	采出矿石量/万吨	0.8	出矿品位/g·t^{-1}	0.86
	废石产生量	0	开采回采率/%	15.5
	贫化率/%	12	掘采比/米·万吨$^{-1}$	90
选矿情况	选矿厂规模	6万吨/年	选矿回收率/%	84
	入选矿石量/万吨	1.95	原矿品位/g·t^{-1}	1.4
	金精矿产量/t	78	金精矿品位/g·t^{-1}	30
	尾矿产生量/万吨	1.872	尾矿品位/g·t^{-1}	0.1
综合利用情况	综合利用率/%	77.81	废水利用率/%	82
	废石排放强度/t·t^{-1}	1.67	废石处置方式	堆存和外销
	尾矿排放强度/t·t^{-1}	23.97	尾矿处置方式	尾矿库堆存
	废石利用率/%	100	尾矿利用率	0

3.2 地质资源

3.2.1 矿床地质特征

3.2.1.1 地质特征

矿区属勉县茶店子-宁强青木川金银铅锌铜成矿带，是南秦岭重要的内生多金属成矿区之一，具有复杂的地质构造背景和金属成矿作用。地层区划属碧口-茶店地层小区，出露的地层主要有古-中元古界大安岩群、中-新元古界阳坝岩组、震旦系灯影组等；构造及岩浆岩属碧口-大安构造岩浆岩带，区域构造既有近东西向为主的超岩石圈断裂，也有后期挤压收缩形成的韧性剪切断裂；岩浆岩主要岩石类型为超基性岩和中酸性岩，与金矿床关系密切的主要有黑木林蛇纹石化纯橄岩、二里坝中细粒英云闪长岩。区域上以金、银、铜、铅、锌及磁铁矿为主的多金属矿化线索较多，以略阳煎茶岭金镍矿、何家岩金矿床为典型代表的中大型矿床广泛分布，矿区金、铅及硫铁矿重砂异常组合好，金、银、砷、锑化探异常集中、套合较好，成矿地质背景十分有利。

矿区内金矿体（K1）位于震旦系灯影组的硅化、黄铁矿化、碎裂岩化的白云岩韧-脆性剪切带中。出露的地层主要有中-新元古界阳坝岩组的变安山岩、绿泥钠长片岩和震旦系灯影组的白云岩。矿区内褶皱构造不发育，仅局部地层因韧性剪切而发生弯曲变形；断裂构造较发育，主要断裂近东西向、北东向展布，次级断裂北西向展布。矿区地表出露以灰色中细粒英云闪长岩为主，出露于矿区北部，呈带状分布，局部可见绢云母化、绿帘石化、绿泥石化等次生蚀变。次为暗绿色蛇纹石化橄榄岩，小面积出露于矿区中部，呈不规则状分布，普遍发育蛇纹石化、绿帘石化、绿泥石化及硅化等次生蚀变。

3.2.1.2 矿石特征

矿石矿物成分较简单，主要有益金属组分以金和铜为主，其他金属矿物主要为黄铁矿、黄铜矿、磁黄铁矿等，脉石矿物主要为石英、白云石、方解石、重晶石等，次生氧化矿物有褐铁矿、孔雀石、铜蓝等。金矿物主要赋存于硅化白云岩和烟灰色石英脉中的半自形粒状、他形-半自形粒状黄铁矿中，粒径一般为 0.5~1mm，个别大于 2mm，黄铁矿呈浸染状、草莓状、不规则状沿裂隙、石英脉不均匀分布。矿区金矿石以破碎带蚀变岩型（约占矿石的 90%）的原生矿石为主，次为石英脉型矿石。

3.2.2 资源储量

矿石矿物成分较简单，主要以金属矿物的金和黄铜矿为主，金平均地质品位 1.01g/t，铜平均地质品位 0.73%左右，已探明金矿石储量 50 万吨，铜矿石储量 32 万吨。

3.3 开采情况

3.3.1 矿山采矿基本情况

大石岩金铜矿为地下开采的中型矿山，采取平硐开拓，使用的采矿方法为留矿采矿法。矿山设计年生产能力 6 万吨，设计开采回采率为 92%，设计贫化率为 8%，设计出矿品位 1.01g/t。

3.3.2 矿山实际生产情况

2013 年，矿山实际出矿量 0.8 万吨，废石排放量 0.13 万吨。具体生产指标见表 3-2。

表3-2　矿山实际生产指标

采矿量/万吨	开采回采率/%	贫化率/%	出矿品位/g·t⁻¹	掘采比/米·万吨⁻¹
0.8	15.5（含塌陷损失）	12	0.86	90

3.4　选矿情况

大石岩金铜矿选矿厂为宁强县代家坝有色金属选矿厂，始建于20世纪80年代中期。设计年选矿能力6万吨，设计入选品位1.01g/t，采用浮选法回收金精矿，2013年入选矿石0.8万吨，入选品位0.86g/t，选矿回收率84%。

3.5　矿产资源综合利用情况

大石岩金铜矿主矿产为金，共生矿产为铜，矿产资源综合利用率77.81%，尾矿平均品位（Au）为0.10g/t。

截至2013年年底，废石场累计堆存废石量为零，2013年排放量为0.13万吨。废石利用率为100%，处置率为100%。

尾矿集中堆存在尾矿库，暂未利用。截至2013年年底，尾矿库累计堆存尾矿6.74万吨，2013年排放量为1.87万吨。尾矿利用率为零，处置率为100%。

4　浩尧尔忽洞金矿

4.1　矿山基本情况

浩尧尔忽洞金矿为从事金矿石开采、加工、冶炼的大型采选冶联合企业，无共伴生矿产，于 2006 年 8 月 30 日建矿，2007 年 8 月 18 日投产。矿区位于内蒙古自治区巴彦淖尔市乌拉特中旗新忽热苏木，向南经新忽热苏木、石哈河镇西至乌拉特中旗海流图镇 80km、南至包头市 210km，与 G110 国道及包兰铁路衔接，交通方便。矿山开发利用简表详见表4-1。

表 4-1　浩尧尔忽洞金矿开发利用简表

基本情况	矿山名称	浩尧尔忽洞金矿	地理位置	内蒙古自治区巴彦淖尔市乌拉特中旗新忽热苏木
	矿山特征	第三批国家级绿色矿山	矿床工业类型	浅变质岩中-低温热液型大型岩金矿床
地质资源	开采矿种	金矿	地质储量/kg	72163.6
	矿石工业类型	蚀变岩型贫硫化物金矿石	地质品位/g·t^{-1}	0.66
开采情况	矿山规模	660 万吨/年，大型	开采方式	露天开采
	开拓方式	汽车-公路开拓	主要采矿方法	分区分期采矿法
	采出矿石量/万吨	463.75	出矿品位/g·t^{-1}	0.48
	废石产生量/万吨	3148.8	开采回采率/%	96.6
	贫化率/%	41.62	开采深度/m	1696~1436 标高
	剥采比/t·t^{-1}	2.13		
选矿情况	选矿厂规模	660 万吨/年	选矿回收率/%	53
	主要选矿方法	三段一闭路破碎—堆浸—碳吸附		
	入选矿石量/万吨	870.11	原矿品位/g·t^{-1}	0.66
	合质金产量/kg	6238.22	合质金品位/%	91
	尾矿产生量/万吨	870.11	尾矿品位/g·t^{-1}	0.31
综合利用情况	综合利用率/%	51.20	废石处置方式	排土场堆存
	废石利用率/%	0	尾矿处置方式	尾矿库堆存
	废水利用率/%	100	尾矿利用率	0

4.2　地质资源

4.2.1　矿床地质特征

4.2.1.1　地质特征

浩尧尔忽洞金矿矿床属浅变质岩中-低温热液型大型岩金矿床，矿石工业类型属蚀变岩型贫硫化物金矿石，矿床开采深度由 1696~1436m 标高。浩尧尔忽洞金矿矿区内发育华力西中、晚期侵入的岩浆岩，其距比鲁特岩组内金矿化带数百至数千米不等。此外矿区内还出露大量不同成分脉岩，脉岩内尚未发现任何金矿化，但岩脉周围金富集。区内出露的地层分布范围较小，面积约 200km^2，呈长条状、月牙状、不规则状"漂浮"在华力西-加里东期中酸性大岩基之上。矿区内出露的地层主要为中元古界白云鄂博群尖山岩组、哈拉霍疙特岩组和比鲁特岩组。矿区位于合教-石崩和高勒图两个深大断裂之间，受深大断裂和岩浆作用影响明显，形成许多紧闭褶皱和北东东、北西向次级断裂。矿区及其周边出露的侵入岩主要为华力西中、晚期侵入的岩浆岩。岩浆岩主要以岩基、小岩株出露于矿区北部和南部。岩石类型主要为黑云母花岗岩、花岗闪长岩、粗粒花岗岩和辉长岩。此外，矿区内还有大量脉岩出露，包括辉绿岩、煌斑岩、闪长玢岩、花岗岩脉等。本区金矿化主要与石英脉有关。

浩尧尔忽洞金矿位于浩尧尔忽洞向斜南翼，靠近哈拉霍疙特组第三岩性段（灰岩），受比鲁特组第二岩段和构造破碎带及向斜核部控制，含矿岩石主要为千枚岩、片岩、千枚状板岩等。金矿带整体长约 4500m，宽 20~200m，金矿体形态主要为透镜状、板状和似板状，平面上呈雁行状排列，顺层产出，局部地段受构造影响有切层现象，可分为东、西两个矿带。西矿带各矿体为近东西-北西向展布，矿体间隔一般在 10~20m；东矿带各矿体为北东向展布，矿体间隔也在 10~20m。矿体平均厚度 8.97m，最厚达 47.64m，厚度变化系数一般为 17.73%~66.84%。

4.2.1.2　矿石特征

A　矿石类型

浩尧尔忽洞金矿区矿石类型主要为含金石英脉型和变质碎屑岩型。含金石英脉型主要分布在浩尧尔忽洞向斜核部和构造破碎带内，含金石英脉呈细脉状分布，脉宽不等，宽者达 10cm，窄者 1cm 或更细。在后期韧性剪切作用下，形成许多揉皱状、透镜状、香肠状石英脉。石英脉以充填的方式赋存于岩石裂隙和层理中，与围岩界限清晰。围岩蚀变较弱，石英脉边部特别是脉的尖灭处黄铁矿化和黑云母化较发育。变质碎屑岩型矿石中不含或很少含石英脉，含矿围岩主要为炭质板岩、千枚岩和片岩以及断层角砾岩，分布空间范围与石英脉型金矿相重叠。矿石中发育细脉状、膜状金属硫化物。

B　矿石结构构造

矿石结构包括粒状结构、包裹结构、填隙结构、交代结构以及环带结构。黄铁矿呈半自形-自形结构；黄铜矿、方铅矿呈他形结构，方铅矿包裹黄铁矿。后期黄铁矿微细脉沿黄铁矿细脉、粗脉的裂隙充填、交代。矿石构造以脉状、浸染状为主，其次为团块状、角砾状、晶洞构造等。金属矿物主要为黄铁矿、磁黄铁矿、毒砂，其次是黄铜矿、方铅矿等。脉石矿物主要为绢云母、石英、绿泥石、石墨，其次为钠长石和碳酸盐类矿物，局部见石榴子石、红柱石等变质矿物。

C 围岩蚀变

围岩蚀变主要有硅化、黄铁矿化等。区内围岩蚀变有如下主要特征：（1）各类蚀变围绕矿脉发生，沿断裂破碎带分布，受褶皱和韧性剪切带构造控制明显；（2）在蚀变波及范围内，自矿脉至两侧围岩，蚀变强度逐渐降低；（3）各类蚀变相互叠加，组成复杂的蚀变带，各种蚀变之间的分带性不十分明显；（4）与成矿作用关系密切的蚀变主要是硅化，其次为黄铁矿化。

4.2.2 资源储量

浩尧尔忽洞金矿矿石中主要有用组分为金，其他伴生有益组分含量较低，达不到综合利用的要求，为单一矿产。截至 2013 年年底，浩尧尔忽洞金矿累计查明资源储量（矿石量）8597.51 万吨，金金属量 72163.6kg，Au 平均品位 0.83g/t。保有资源储量（矿石量）5534.73 万吨，金金属量 46808.38kg，Au 平均品位 0.846g/t。

4.3 开采情况

4.3.1 矿山采矿基本情况

浩尧尔忽洞金矿为露天开采的大型矿山，采取公路运输开拓，使用的采矿方法为分区分期采矿法。矿山设计年生产能力 660 万吨，设计开采回采率为 98%，设计贫化率为 4%，设计出矿品位 0.5g/t。

4.3.2 矿山实际生产情况

2013 年，矿山实际出矿量 463.75 万吨，排放废石 3148.8 万吨。矿山开采深度为 1696~1436m 标高。具体生产指标见表 4-2。

表 4-2 矿山实际生产情况

采矿量/万吨	开采回采率/%	贫化率/%	出矿品位/g·t⁻¹	露天剥采比/t·t⁻¹
479.75	96.6	41.62	0.66	2.13

4.3.3 采矿技术

浩尧尔忽洞金矿分东北和西南两个采区进行开采，从投产至今一直采用露天开采方式、汽车-公路开拓运输方案、分层组合台阶采剥方法。采矿工艺由穿孔—爆破—采装—运输—堆浸场等工艺组成。矿山使用的主要采矿设备有穿孔钻机、装载设备、矿用自卸汽车、推土机、装药车、前装机、液压破碎机等。

现形成的东北采坑长约 1.77km，宽约 1.32km，现采标高到 1540m，其中主要开采的台阶有 1540m、1552m、1568m、1594m、1600m。西南采坑长约 2.51km，宽约 0.41km，现采标高到 1546m，其中主要开采的台阶有 1546m、1552m、1558m、1564m、1570m、1576m、1582m、1588m、1600m、1612m、1618m。

4.4　选矿情况

4.4.1　选矿厂概况

浩尧尔忽洞金矿选冶方法为堆浸—碳吸附—解析电解—熔炼工艺，产品为合质金（99.99%）。设计年选矿能力为 660.00 万吨，设计入选品位 Au 0.80g/t，设计选矿回收率 72.77%。

截至 2013 年年底，矿山从生产至今累计进入到堆浸堆的金金属量约为 39.21t，累计选出金金属量约为 20.37t，累计选矿回收率为 51.95%。

随着堆浸工艺的进行和金的析出加工，累计选矿回收率将逐步提高。

4.4.2　技术改进与设备更新

浩尧尔忽洞金矿在国内首先试验并采用埋管滴淋的新技术、新工艺、新方法，包括在春、夏和秋季采用机械式滴淋管填埋技术，冬季采用双层碎矿填埋覆盖技术、贵液池覆盖及全密闭循环重复利用工艺。这些新技术、新工艺、新方法的采用，不仅保证了在北方寒冷地区全年生产运营，而且有效地减少了水的蒸发和浪费。

4.5　矿产资源综合利用情况

浩尧尔忽洞金矿为单一金矿，矿产资源综合利用率 51.20%，尾矿平均品位（Au）为 0.31g/t。

废石集中堆放在排土场，暂未利用。截至 2013 年年底，废石场累计堆存废石 9004.8 万吨，2013 年排放量为 3148.8 万吨。废石利用率为零，处置率为 100%。

尾矿集中堆存在尾矿库，暂未利用。截至 2013 年年底，尾矿库累计堆存尾矿 2583 万吨，2013 年排放量为 477.77 万吨。尾矿利用率为零，处置率为 100%。

5　河 东 金 矿

5.1　矿山基本情况

河东金矿为地下开采金矿的大型矿山，矿区位于山东省烟台市招远市，拥有河东矿区、付家矿区、马虎沟矿区，其中河东矿区位于招远市蚕庄镇河东王家村东，距城区30km，交通方便。矿山开发利用简表详见表5-1。

表5-1　河东金矿开发利用简表

基本情况	矿山名称	河东金矿	地理位置	山东省烟台市招远市
	矿山特征		矿床工业类型	构造破碎带蚀变岩型金矿床
地质资源	开采矿种	金矿	地质储量/kg	30434.5
	矿石工业类型	岩金矿石	地质品位/g·t⁻¹	1.17
开采情况	矿山规模	18.6万吨/年，大型	开采方式	地下开采
	开拓方式	竖井+斜井+盲竖井联合	主要采矿方法	上向进路充填采矿法
	采出矿石量/万吨	48.6	出矿品位/g·t⁻¹	1.17
	废石产生量/万吨	28.64	开采回采率/%	93.24
	贫化率/%	6.1	开采深度/m	−50~−300（标高）
	掘采比/米·万吨⁻¹	2087.53		
选矿情况	选矿厂规模	29.7万吨/年	选矿回收率/%	95.76
	主要选矿方法	三段一闭路破碎——一段闭路磨矿—浮选—重选联合选别		
	入选矿石量/万吨	56.3	原矿品位/g·t⁻¹	1.17
	金精矿产量/万吨	1.4	精矿品位/g·t⁻¹	43
	尾矿产生量/万吨	54.9	尾矿品位/g·t⁻¹	0.16
综合利用情况	综合利用率/%	89.77	废水利用率/%	100
	废石排放强度/t·t⁻¹	17.75	废石处置方式	排土场堆存
	尾矿排放强度/t·t⁻¹	38.25	尾矿处置方式	尾矿库堆存
	废石利用率/%	100	尾矿利用率	0

5.2　地质资源

5.2.1　矿床地质特征

河东金矿矿床成因类型为构造破碎带蚀变岩型金矿床，矿石工业类型属低硫型矿石。

5.2.1.1　地质特征

河东矿区位于望儿山断裂中段，是焦家金矿田的一部分。区内花岗岩、花岗闪长岩广布，区域变质岩呈包体赋存于岩体中。断裂发育，矿化蚀变带赋存于断裂之中，是重要的找矿标志。

基础地质特征：矿区内地层简单，除第四系外，皆为胶东群变质岩系。第四系广布，由亚砂土、砂质黏土、含砾砂土及砾石组成，厚度为 3~5m，最厚 8m。裂隙构造发育在岩体中，呈集束状、带状分布，主要为剪性裂隙，张性裂隙较少见。按其方向可分为北东、北东东、北北东、北西四组，以北东、北北东为主。断层构造是追踪、改造裂隙而形成。断层构造发育在岩体内或岩体接触带上，按其走向分为北东向、北东东向、北西向和北北东向，矿区内以北东向为主。望儿山断裂是河东矿区的主要控矿断裂，断裂上下盘常分布有次级或低序次断层。矿区内岩浆岩主要有玲珑超单元崔召单元、郭家岭超单元上庄单元及脉岩。矿区金矿体赋存于蚀变破碎带（蚀变带）中，蚀变破碎带原岩皆为中酸性花岗岩类，中低温成矿热液沿构造上升，对构造岩进行充填和交代，主要蚀变类型有红化、绢云母化、硅化、碳酸盐化和黄铁矿化。矿床赋存于河东主断裂面下盘的绢英岩化花岗闪长质碎裂岩中，矿体的形态、产状严格受断裂带的控制。

矿体特征概述：河东矿段主要矿体为 1 号、14 号、5 号矿体和付家矿段等矿体，其特征分述如下：

（1）1 号矿体赋存标高+50~-811m。矿体呈脉状，具尖灭再现分枝复合特征。矿体总体走向 40°，倾向北西。标高在+50~-500m 时，倾角 25°~55°，平均 38°，走向长度 320m，控制斜深 893m，垂直厚度在 3~24.54m，平均水平厚度 10.40m，矿体平均品位 7.06g/t；标高在-500~-811m 时，倾角 15°~41°，平均 30.5°，走向长度 221m，控制斜深 496m，垂直真厚度 2.71~10.69m，平均 4.93m，矿体平均品位 3.10g/t。矿体向深部未封闭。

（2）14 号矿体：位于 1 号矿体南部，与 1 号矿体赋存于同一层位。矿体呈脉状，赋存标高-77~-546m。矿体总体走向 40°，倾向北西。矿体标高在-77~-500m 时，倾角 17°~33°，平均倾角 31°，走向长度 97m，控制斜深 795m。矿体平均厚 8.00m，矿体平均品位 7.80g/t；矿体标高在-500~-546m 时倾角 17°~33°，平均倾角 25°，走向长度 84m，控制斜深 74m。垂直真厚度 4.19~11.36m，平均 7.35m，矿体平均品位 5.27g/t。矿体向深部未封闭。

（3）付家矿段：区内共发现有 25 个金矿体，多数矿体已采空，矿体呈脉状、透镜状，走向以 18°~57°为主，倾向北西，倾角 38°~52°。其中 5 号、21 号、24 号是该矿段主要矿体。

（4）5 号矿体：赋存标高-30~-205m。矿体呈脉状，具分枝复合特征。走向 57°，分枝走向 27°，倾向北西，倾角 32°~51°，平均 38°。矿体长度最大 110m，倾斜最大延深 210m（84 线），一般 170m 左右；真厚度在 1.23~7.39m 之间，平均真厚度 3.73m。矿体平均品位 3.78g/t。

（5）马虎沟矿段：矿体呈脉状展布，两侧围岩为绢英岩化碎裂岩及二长花岗岩。1 号矿体赋存标高在 +32~-80m，矿体产状为倾向 305°~310°，倾角 70°~80°，矿体厚 0.90~2.25m，平均厚度 1.99m。平均品位 3.22g/t。保有矿体在 -10~-70m。

5.2.1.2　矿石特征

矿石类型：矿石自然类型为原生矿石，工业类型属低硫型矿石。矿物组成：金属矿物以银金矿、黄铁矿为主。脉石矿物以石英、长石、绢云母为主。

矿石结构与构造：矿石的结构主要为半自形-他形晶粒状结构，其次有压碎结构、乳滴结构、包含结构、交代残余结构等。

矿石的构造主要以细脉浸染状为主，其次有斑点浸染状、脉状、团块状构造。

矿石中主、伴生元素：矿石中除主要有益组分金外，还有银、铜、硫等伴生有益元素。其中河东矿段银的含量在 -500m 以上时较低，平均为 0.80g/t，深部银的含量有所增加，但由于矿量较少，综合回收利用价值较低，其他元素含量均较低，达不到伴生组分评价指标。

5.2.2　资源储量

矿山主矿种为金，原矿平均品位为 1.17g/t，截至 2013 年 12 月 31 日，累计查明金矿资源储量矿石量为 8248410t，金金属量为 30434.5kg；保有资源总量矿石量 2374571t，金金属量 10164.10kg。

5.3　开采情况

5.3.1　矿山采矿基本情况

河东金矿为地下开采的大型矿山，采取明竖井+斜井+盲竖井联合开拓，使用的采矿方法为上向进路充填采矿法。矿山设计年生产能力 33 万吨，设计开采回采率为 93%，设计贫化率为 10%，设计出矿品位 5g/t。

5.3.2　矿山实际生产情况

2013 年，矿山实际出矿量 48.6 万吨，排放废石 28.64 万吨。矿山开采深度为 -50~-300m 标高。具体生产指标见表 5-2。

表 5-2　矿山实际生产情况

采矿量/万吨	开采回采率/%	贫化率/%	出矿品位/g·t⁻¹	掘采比/米·万吨⁻¹
45.91	93.24	6.1	1.17	2087.53

5.3.3　采矿技术

矿山采用明竖井+斜井+盲竖井联合开拓。目前生产采用的主要是上向进路尾砂充填采矿法，矿山在生产环节中已经熟练地掌握了该采矿方法的生产工艺。采用上向进路尾砂充填采矿法和浅孔留矿嗣后废石充填采矿法，浅孔留矿嗣后废石充填采矿法用于回采马虎沟矿段、河东矿段 7 号和 8 号矿体及厚度小于 3m、倾角大于 50°的矿体边角部分，这部分矿体在回采时难以借助矿山建成的充填系统，因而采用浅孔留矿法进行回采，对回采形成空区嗣后废石充填。河东矿段主要矿体和付家矿段的主要矿体约占开采资源量的 92%，两矿段主要矿体的边角部分、马虎沟矿段及河东矿段的 7 号和 8 号矿体资源量约占开采资源量的 8%，因而确定上向进路充填法与浅孔留矿嗣后充填采矿法的比例分别为 92%和 8%。上向进路尾砂充填采矿法采切比为 28.1m/kt，矿石回收率为 92%，贫化率为 8%。

（1）矿块构成要素。矿块沿矿体走向布置，矿块长 40m，宽度为矿体厚度，高度为 40m，分段高为 10m，留 5m 高底柱，不留间柱及顶柱。中段间回采顺序采用自上往下，中段内回采顺序自下而上，进路沿走向布置，回采进路尺寸为（宽×高）2.5m×3m，从上盘向下盘逐条退采，矿体脉外布有分段巷道，分段高度 10m，每条分段巷道承担 4 个分层的回采。

（2）采准、切割。采准工程有分段出矿巷道、出矿溜井、溜井联络道、分层联络道、人行通风（泄水）天井、辅助斜坡道。

溜井和分段出矿巷道布置在下盘脉外，通过辅助斜坡道使上下分段出矿巷道联通，从分段巷道向矿体掘分层联络道，矿体下盘边界布置切割巷道。沿矿体下盘掘回风充填（泄水）天井，随着采场向上推移顺路架设泄水井。

当首采分层的拉底出矿结束后，进行人工假底的铺设工作，人工假底采用钢筋混凝土砌筑，厚度 400mm，混凝土标号为 C20。假底砌筑结束后，进行尾砂胶结充填。

（3）回采。采用 7655 凿岩机钻凿水平炮孔，炮孔深 2.0m，孔间距 0.7~0.9m，最小抵抗线为 0.55~0.65m，孔径为 40mm，炮孔距胶结尾砂面的最小距离为 0.6~0.7m。爆破采用乳化炸药、导爆管起爆。

（4）采场通风。爆破后即进行通风。新鲜风流由人行通风天井进入分段巷道，再由分段巷道经分层联络道进入采场，进路内设局扇和风筒，通过局扇将新鲜风流压入采场，清洗工作面后，污风经回风天井、上中段回风联络道、斜坡道或盲回风井，最后经上部回风系统排出地表，必要时在采场上部回风联络道增设局扇辅助通风。

（5）采场出矿。爆下的矿石用 0.75m³ 铲运机出矿，铲运机将矿石直接运到矿体下盘的分段水平矿石溜井。

（6）矿柱回收。当矿房回采充填结束后，进入底柱回收环节，底柱回采仍采用上向进路充填回采工艺，分两个分层，第一分层出矿用装岩机装矿车运走，第二分层采用铲运机装矿车的方式。底柱回采在人工假底的保护下进行，采、出结束后要求充填接顶。

河东矿段现有运输系统为有轨运输，矿、废石均由 ZK1.5-6/100 型架线式电机车单机牵引 8 辆 YFC0.55-6 型翻转式矿车组成的列车组进行运输，一列车长 14.79m，一列车有效载重 6.72t（一辆矿车载重 0.84t）。其中，-80m、-110m、-140m 中段各有一列车工作，-220m 中段有 3 列车同时工作，-260m 中段有 4 列车同时工作，-300m 中段有 10 列车同时工作。井下运输中段铺轨采用 600mm 轨距，15kg/m 轻轨。轨枕采用木轨枕，有道砟。道砟为碎石，碎石的粒度 20~60mm。其硬度 $f \geqslant 6$ 的不风化、不潮解的坚硬岩石。

5.4 选矿情况

5.4.1 选矿厂概况

河东金矿选矿厂始建于1978年春,1980年7月试车投产,初建规模为150t/d。1990年选矿厂又扩建了2个250t/d磨浮系统,并对原破碎、筛分和脱水系统进行了相应的改造,同时将原150t/d磨浮系统报废,选矿厂生产能力即形成了500t/d。1998年进行了采、选生产能力扩建500t/d的总体技术改造。目前,实际处理能力为1000t/d。选矿工艺采用的是三段一闭路碎矿,一段闭路磨矿,选矿为浮选—重选联合选别工艺流程,选矿产品为金精矿,品位为43g/t。

5.4.2 选矿工艺流程

5.4.2.1 破碎筛分流程

选矿厂破碎工艺现为两段一闭路工艺流程。粗碎作业包括一台C100颚式破碎机。斜井矿仓中矿石由皮带给入主原矿仓,176线明竖井原矿和外围矿区供矿通过350mm×350mm格筛进入400t主原矿仓,再由电振给矿机给入C100颚式破碎机。粗碎产品经皮带输送至自定中心振动筛,其产品由胶带运输机输送至粉矿仓。筛上产品由胶带运输机输送至缓冲仓,再由缓冲仓输送至HP300标准圆锥破碎机进行细碎,细碎产品再由胶带运输机输送至自定中心振动筛,形成闭路循环。筛下产品由胶带运输机输送至三个粉矿仓,构成二段一闭路破碎流程。

5.4.2.2 磨矿浮选

南厂房:MQG2736格子型球磨机与2FLG-2000双螺旋高堰式分级机组成一段闭路磨矿系统,即破碎最终产品经粉矿仓由胶带运输机给入球磨机,球磨机排矿经分级机分级后,不合格粒级返回分级机再磨,溢流产品给入浮选。浮选工艺采用一次优选、一次精选、两次粗选、两次扫选的混合浮选工艺,均采用BSK-4充气搅拌式浮选机,其中优选1台、精选1台、粗选6台,一次扫选6台,二次扫选3台。精选产品由胶泵输送至脱水作业,最终尾矿一部分输送至尾矿坝,另一部分输送至充填站。

北厂房:GMYJ2430溢流型球磨机与FLG-2000单螺旋高堰式分级机组成一段闭路磨矿系统,即破碎最终产品经粉矿仓由胶带运输机给入球磨机,球磨机排矿经分级机分级后,不合格粒级返回分级机再磨,溢流产品给入浮选。浮选工艺采用一次优选、一次精选、一次粗选、两次扫选的混合浮选工艺,均采用XCF-4m³自吸式浮选机,其中优选1台、精选1台、粗选3台,一次扫选3台,二次扫选2台。精选产品由胶泵输送至脱水作业,最终尾矿一部分输送至尾矿坝,另一部分输送至充填站。

5.4.2.3 重选

重选工艺采用跳汰—摇床工艺,跳汰采用600×900跳汰机,摇床采用LY-3型摇床,其流程顺序是在球磨机排矿端与分级机之间安装一跳汰机,跳汰产品经胶泵给到摇床进行精选,即可得到毛金,摇床尾矿则返回球磨机再磨。

5.4.2.4　脱水

浮选金精矿由胶泵输送到浓密机进行一次浓缩脱水，溢流水经过 7 次沉淀返回流程再用，用 65LXB 渣浆泵打入 XZA240/1500 板框式压滤机压滤，产品直接进入精矿库。

5.4.2.5　尾矿输送作业

浮选尾矿输送采用两组 QGB-200/1.6 型隔离泵。分别用于将尾矿供入充填站和将经充填站旋流器分级后的溢流尾矿输送至尾矿库。

5.5　矿产资源综合利用情况

河东金矿为单一金矿，矿产资源综合利用率 90.77%，尾矿平均品位（Au）为 0.16g/t。

废石集中堆放在排土场，2013 年排放量为 25.56 万吨。废石利用率为 100%，处置率为 100%。

尾矿集中堆存在尾矿库，2013 年排放量为 55.09 万吨。尾矿利用率为 60.57%，处置率为 100%。

6 花 桥 金 矿

6.1 矿山基本情况

花桥金矿为地下开采金矿的大型矿山，无共伴生矿产，始建于 1986 年 10 月。矿区位于江西省德兴市花桥镇，往南到金山口 3km，有水泥公路相通，由金山口经新营走德-昌高速到南昌 175km，在万年境内与景-鹰高速相通；经新营到德兴市 20km，到上饶市 108km，与浙赣铁路、320 国道和梨-温高速相通；经德兴到乐德铁路支线香屯火车站 33km，经香屯到达乐平市公路里程 68km，可与皖赣铁路、206 国道和景-鹰高速相通，交通较为方便。矿山开发利用简表见表 6-1。

表 6-1 花桥金矿开发利用简表

基本情况	矿山名称	花桥金矿	地理位置	江西省德兴市花桥镇
	矿床工业类型	贫硫化物蚀变岩型		
地质资源	开采矿种	金矿	地质储量/kg	230000
	矿石工业类型	岩金矿石	地品品位/g·t^{-1}	1.2
开采情况	矿山规模	15 万吨/年，大型	开采方式	地下开采
	开拓方式	竖井开拓	主要采矿方法	留矿法
	采出矿石量/万吨	33.3	出矿品位/g·t^{-1}	1.24
	废石产生量/万吨	9.54	开采回采率/%	90.49
	贫化率/%	13.8	开采深度/m	0~-800 标高
	掘采比/米·万吨$^{-1}$	320		
选矿情况	选矿厂规模	30 万吨/年	选矿回收率/%	88.88
	主要选矿方法	两段一闭路破碎，一段闭路磨矿，单一浮选		
	入选矿石量/万吨	33.3	原矿品位/g·t^{-1}	1.24
	精矿产量/kg	6969.51	精矿品位/g·t^{-1}	52.69
	尾矿产生量/万吨	33.3193	尾矿品位/g·t^{-1}	0.16
综合利用情况	综合利用率/%	80.43	废水利用率/%	91
	废石排放强度/t·t^{-1}	26.5	废石处置方式	排土场堆存、筑路
	尾矿排放强度/t·t^{-1}	92.67	尾矿处置方式	尾矿库堆存
	废石利用率/%	6.60	尾矿利用率	0

6.2　地质资源

6.2.1　矿床地质特征

花桥金矿矿床成因类型为受韧性剪切带控制的变质热液型，工业类型为贫硫化物蚀变岩型，矿床位于西源岭背斜南段，金山金矿田中西部，东与石碑、渔塘矿区相连，西邻杨梅岭、七十坞矿区；矿床受金山-西蒋韧性剪切带控制，呈北东走向，倾向北西，矿区出露地层为中元古界双桥山群，为一套浅变质的火山碎屑沉积岩夹少量的基性火山熔岩。总体走向北东、倾向北西，倾角 5°~35°，呈一单斜层序产出。本套浅变质岩系属于中元古界双桥山群第三岩组中部的第一、二岩性段。第一岩性段厚度大于 400m，分布于矿区中南部，下部为深灰色风化呈土黄色，中厚层状变质晶屑凝灰岩、凝灰质板岩，中部为绿泥板岩，上部为灰黄色薄层状粉砂质板岩夹凝灰质板岩，夹少量变质安山玄武岩透镜体。金山-西蒋韧性剪切带在该岩性段的上部通过，岩层改造成千糜岩、超糜棱岩、糜棱岩、片理化板岩等构造岩类。第二岩性段的第一层为凝灰质砂质板岩层，分布于矿区中部，是韧性剪切带的顶板标志层，其与下伏第一岩性段之间为金山-西蒋韧性剪切带。矿区地处西蒋韧性推覆变质带中部，西靠八十源-铜厂陡倾斜剪切带，构造变形以低角度的剪切变形变质为主，褶皱不明显，成矿后高角度断层较为发育。西蒋韧性剪切带呈北东-南西向带状出露于南西，倾向北西，主剪切面倾角在 5°~50°，在 0m 标高以上明显受北东向（F_1、F_2）断裂错切，形成 3 个平台，倾角为 10°左右，往深部北西和北东方向，产出由缓变陡，复又变缓，倾角在 20°~50°，剪切带表现舒缓波状展布特征。0m 标高以下剪切带有可能受到隐伏的北东向断裂影响，出现类似 0m 标高以上平台情况。主剪切面构成剪切带的顶板界面，与其顶板围岩-凝灰质砂质板岩层产状基本一致。剪切带为典型的含金构造岩带，厚度 300~400m，走向控制长度大于 2000m，倾向控制深度大于 1500m。在倾斜方向上表现由三个含金构造带组成（I_1、I_2、I_3），其中 I_2 带为主要含金构造带居于中间，其上 I_3 带、I_1 带位于下部西蒋金矿床主矿体 V_1、V_2、V_3、V_4 均发育于背形核部及变形带中心部位，变形带宽度变化较大，由几十米至1000m；从应变带中心至两侧，岩石为超糜棱岩-糜棱岩-千糜岩-糜棱岩化岩石，金品位由富-较富-稍贫-金矿化（1~0.11g/t）-无矿化过渡。金矿化强弱与变形带宽度有关，宽者矿化强，出现厚大工业矿体；反之，金矿化弱。金矿化严格控制在变形带中，金矿体产状形态与变形带产状趋于一致。

矿石矿物组成比较简单，金属矿物除自然金外，主要有黄铁矿，其次为金红石、磁铁矿、赤铁矿、毒砂、闪锌矿、黄铜矿及方铅矿等，脉石矿物主要为石英，次为绢云母、绿泥石、钠长石和铁白云石等。矿石自然类型为原生矿石，按矿石的矿物共生组合、结构构造等特征可划分以下两种类型：（1）星散浸染状硅化黄铁矿化超糜棱岩-糜棱岩型矿石（简称块状矿石）；（2）星散浸染状硅化黄铁矿化千糜岩型矿石（简称条带状矿石）。矿石物质组分查定结果表明：矿石中的金主要为独立矿物自然金，偶见含铜自然金，自然金的载体矿物是以黄铁矿为主的金属硫化物，次为脉石矿物石英。矿石金属硫化物含量为 1.36%，矿石平均含硫量为 0.65%。

6.2.2 资源储量

矿石中有用组分仅金一种，工业类型属贫硫型金矿石，平均原矿品位为1.24g/t，伴生有益组分含量低，铜0.005%、铅0.0048%、银1.429%，均无综合回收利用价值。矿区累计探明金金属量23t，矿石量714万吨，截至2013年年底，共保有储量：矿石250.7万吨，金金属量7.79t。

6.3 开采情况

6.3.1 矿山采矿基本情况

花桥金矿为地下开采的大型矿山，采取竖井开拓，使用的采矿方法为留矿采矿法。矿山设计年生产能力15万吨，设计开采回采率为85%，设计贫化率为15%，设计出矿品位1.15g/t，金矿最低工业品位为1g/t。

6.3.2 矿山实际生产情况

2013年，矿山实际出矿量33.3万吨，排放废石9.54万吨。矿山开采深度为0～-800m标高。具体生产指标见表6-2。

表6-2 矿山实际生产情况

采矿量/万吨	开采回采率/%	贫化率/%	出矿品位/g·t⁻¹	掘采比/米·万吨⁻¹
33.3	90.49	13.8	1.21	320

6.3.3 采矿技术

花桥金矿于1986年10月建矿，由开始土法上马的小型金矿，日处理原矿25t；经过多次改扩建，到目前日采选能力达1000t。花桥金矿从开矿至今总采出矿量约300.422万吨。目前年开采矿石量约33万吨，地质品位2.61g/t。设计开采品位约1.15g/t。矿山0m标高以上采用斜井开拓，0m标高以下采用竖井开拓，即在矿区东西两翼布置混合井，提升能力可达1136t/d，中央布置风井，中段开拓段高选择为30m，以全面法为主局部采用房柱法或使用浅孔溜矿法落矿。0m标高以下竖井开拓2005年开始施工，竖井主体工程2009年完成，目前西竖井已开拓-30m、-60m、-90m、-120m、-150m、-180m、-210m、-240m、-270m、-300m 10个中段，东竖井已开拓-60m、-90m、-120m、-150m、-180m、-210m、-240m、-270m、-300m、-330m、-360m、-390m、-420m 13个中段。共有三条斜井和三条竖井，目前开拓最低标高为-420m水平，采用机械通风，采矿方法为浅孔房柱法，电耙出矿，电机车运输，出矿品位约1.20g/t。选矿采用二段一闭路碎矿、一段闭路磨矿、一次粗选、三次精选和三次扫选的单一浮选流程。最终产品为精金矿，品位50g/t左右。

花桥金矿目前0m以下井下生产采用竖井开拓，共开拓有东、西两条竖井。采矿方法为浅孔房柱法，电耙出矿，通风方式为中央对角式通风。

6.4　选矿情况

　　花桥金矿选矿厂设计年选矿能力为 30 万吨，设计主矿种入选品位为 1.23g/t，设计选矿回收率 88%。破碎流程采用二段一闭路破碎，磨矿流程采用一段闭路流程，选矿为一粗—三精—三扫的单一浮选流程，如图 6-1 所示，选矿产品为金精矿，金品位为 48~52g/t。

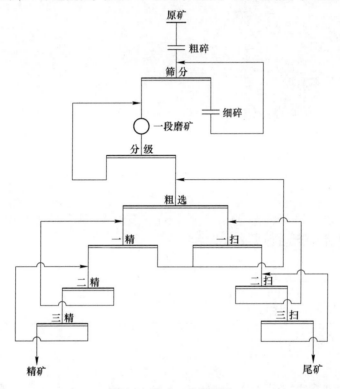

图 6-1　选矿工艺流程图

　　矿山 2009 年 1 月 1 日至 2014 年 12 月 31 日生产稳定，选矿厂金回收率 88.09%~91.74%。2014 年与 2009 年比较回收率提升了 0.63%，目前选矿回收率稳定在 88% 左右。2014 年度采选综合回收率为 80.43%。金精矿品位 52g/t。花桥金矿近年选矿技术指标见表 6-3。

表 6-3　花桥金矿近年选矿技术指标

年份	原　矿		精　矿		尾矿品位 /g·t^{-1}	选矿回收率 /%
	入选量/万吨	入选品位/g·t^{-1}	产量/kg	品位/g·t^{-1}		
2009	33.07	1.04	6130.41	49.51	0.12	88.25
2010	32.27	1.02	5722.30	52.77	0.10	91.74
2011	33.99	1.09	6318.19	52.47	0.11	89.48
2012	33.26	1.03	5927.90	51.22	0.11	88.63
2013	33.30	1.21	7353.24	48.27	0.15	88.09
2014	33.32	1.24	6969.51	52.69	0.16	88.88

6.5　矿产资源综合利用情况

花桥金矿为单一金矿，矿产资源综合利用率 80.43%，尾矿平均品位（Au）为 0.16g/t。

废石集中堆放在排土场，截至 2013 年，废石累计堆存量 80.22 万吨，2013 年排放量为 9.54 万吨。废石利用率为 6.60%，处置率为 100%。

尾矿集中堆存在尾矿库，截至 2013 年，尾矿累计堆存量 460.78 万吨，2013 年排放量为 33.36 万吨。尾矿利用率为零，处置率为 100%。

7 铧厂沟金矿

7.1 矿山基本情况

铧厂沟金矿为地下开采金矿的中型矿山，无共伴生矿产，于1997年1月成立。矿区位于陕西省汉中市略阳县郭镇，郭镇有简易公路贯穿矿区，郭镇向东、向西与309省道相连，交通便利。矿山开发利用简表详见表7-1。

表7-1 铧厂沟金矿开发利用简表

基本情况	矿山名称	铧厂沟金矿	地理位置	陕西省汉中市略阳县
	矿山特征	第三批国家级绿色矿山	矿床工业类型	类卡林型金矿床
地质资源	开采矿种	金矿	地质储量/kg	6864
	矿石工业类型	蚀变细碧岩型金矿石、碳酸盐岩-石英脉型金矿石、硅化变质石英砂岩型金矿石	地质品位/g·t^{-1}	3.94
开采情况	矿山规模	14.5万吨/年，中型	开采方式	地下开采
	开拓方式	联合开拓	主要采矿方法	留矿法
	采出矿石量/万吨	14	出矿品位/g·t^{-1}	1.68
	废石产生量/万吨	8.78	开采回采率/%	86.0
	贫化率/%	15.92	掘采比/米·万吨$^{-1}$	632.53
选矿情况	选矿厂规模	14.5万吨/年	选矿回收率/%	87.32
	主要选矿方法	两段一闭路破碎，两段闭路磨矿，重选—氰化炭浆吸附		
	入选矿石量/万吨	14	原矿品位/g·t^{-1}	1.68
	合质金产量/kg	2.12	精矿品位/%	97
	尾矿产生量/万吨	14	尾矿品位/g·t^{-1}	0.22
综合利用情况	综合利用率/%	75.10	废石处置方式	排土场堆存
	废石利用率	0	尾矿处置方式	尾矿库堆存
	废水利用率/%	100	尾矿利用率	0

7.2　地质资源

7.2.1　矿床地质特征

7.2.1.1　地质特征

陕西略阳铧厂沟金矿矿床类型为类卡林型金矿床，位于秦岭褶皱系南部，跨及两个二级构造单元，矿区南部隶属摩天岭加里东褶皱带，北部属康县-略阳华力西褶皱带。区域构造线呈东西向展布。矿区地层主要有中-新元古界碧口群第二岩性组上段，中下泥盆统三河口群第一岩性、第二岩性段（D1-2sh2）、第三岩性段，下石炭统略阳组（C1l），以及第四系（Q）。矿区矿体主要赋存于三河口群地层中。矿区总体为一向北倾斜的单斜构造，仅在寨子湾矿段约800m范围内三河口群第一岩性段地层产生局部向南倒转，地表向南倾斜，至1270m标高以下地层陡倾，局部向北倾斜。区内较大断裂由北向南有：阴山大梁-杨山坪正断层（F1）、陈家湾-九房沟-吴家沟正断层（F2）、北光岭-刘家河坝-乱石窑正断层（F3）、寨子湾断裂片理化带（F6）以及出露于后沟湾-苟家山附近的F7断层，出露于阳坝坡的F8断层。矿区内未发现中、深成侵入岩体，但火山活动比较强烈。南部中-新元古界碧口群系火山喷发相，为一套酸性-中酸性火山碎屑岩夹基性熔岩、凝灰岩的透镜体或条带。在下中泥盆统三河口群地层中普遍夹基性火山岩透镜体，其中第一岩性段第三岩性层中分布的细碧岩为金矿的赋矿岩石和直接围岩。细碧岩在地表呈透镜状分布，具有在寨子湾矿段"右行"侧列，刘家河坝矿段"左行"侧列的特点。

铧厂沟金矿床产于三河口群地层中，由南向北有4条主要金矿化带。4条矿带总体呈北西西、近东西向展布，矿体总体呈脉状、透镜状，与围岩产状基本一致。南南矿带位于万家山至刘家河坝一带，赋存在三河口群第一岩性段第一岩性层东西延长近6400m，总体呈舒缓波状，走向北西西，向北倾斜，倾角55°~65°。矿体厚度变化较大，从1~20m变化不等，品位一般为0.8~4.2g/t。南矿带（AuⅠ）位于寨子湾至刘家河坝一带，赋存于三河口群第一岩性段第二岩性层中，东西延长近2600m，最大控矿斜深484m。总体呈舒缓波状，走向北西西，向北倾斜，倾角40°~75°。矿体呈脉状、透镜状产出，局部有小的平行矿脉（体）。厚度一般为0.2~1.0m，品位一般为3.03~12.57g/t，最高品位达39.84g/t。北矿带（AuⅡ）分布于刘家河坝铁夹树湾至庙湾后头湾一带，赋存于三河口群第二岩性段第二岩性层中，矿化带总长度约1800m，最大控矿斜深505m。近东西走向，向北倾斜，倾角60°~80°。矿体呈脉状、薄板状产出，厚度较小，一般为0.2~0.8m，在走向和倾向上延伸稳定，品位较高，一般为4.0~24.50g/t，最高品位达54.67g/t。主矿带位于寨子湾北部至陈家河坝东侧一带，产于三河口群第一岩性段细碧岩和凝灰质绢云母千枚岩中，总长度大于2km；矿体与蚀变细碧岩密切相关，包括Au8、Au9、Au10、Au11等4个主矿体和一些零星小矿体。矿体延深常常大于延长，厚度一般为3~5m。矿体在平面上相互呈"右行"，在剖面上呈"下行"侧列赋存于蚀变细碧岩中，其中Au8、Au9赋存于一个蚀变细碧岩中，Au10、Au11赋存于另一个蚀变细碧岩中，细碧岩间为凝灰质绢云千枚岩所隔，相距4~50m，Au8和Au9、Au10和Au11之间为矿化细碧岩，矿体呈脉状-透镜状，大致平行展布，延深大于延长。矿体产状与围岩基本一致，但由于受构造影响，常沿走向及倾向产生舒缓波状变化。Au11长135m，Au10长135m，Au9断续长为120m，Au8断续长为

230m。Au8、Au9 矿体沿走向及倾向变化较大，有加厚及变薄、缺失现象。

7.2.1.2　矿石特征

铧厂沟金矿矿石类型主要有 3 种：蚀变细碧岩型金矿石，为主矿带的主要矿石类型；碳酸盐岩-石英脉型金矿石，为南矿带和北矿带主要的矿石类型，具有品位高、变化稳定的特点；硅化变质石英砂岩型金矿石，为南南矿带主要矿石类型。

在金矿石中，金属矿物种类较少，主要有黄铁矿、自然金、黄铜矿、斑铜矿、褐铁矿、闪锌矿、方铅矿、硫钴镍矿、辉砷镍矿等，脉石矿物主要有石英、白云石、含铁白云石和钠长石，其次为绢云母和白云母。此外，有少量磷灰石、电气石和金红石等。矿石结构主要有自形、半自形、他形、包含、碎裂、填隙、假象、交代、草莓状、乳滴状等结构。矿石构造有浸染状、脉状、网脉状、团块状、晶洞、梳状构造等。

7.2.2　资源储量

铧厂沟金矿主要矿石类型有蚀变细碧岩型金矿石、碳酸盐岩-石英脉型金矿石、硅化变质石英砂岩型金矿石，主要开发利用矿种有金矿，金矿平均地质品位为 3.94g/t，矿山累计查明金资源储量（金属量）为 6864kg。

7.3　开采情况

7.3.1　矿山采矿基本情况

铧厂沟金矿为地下开采的中型矿山，采取联合开拓，使用的采矿方法为留矿法。矿山设计年生产能力 14.5 万吨，设计开采回采率为 85%，设计贫化率为 20%，设计出矿品位为 3.5g/t。

7.3.2　矿山实际生产情况

2013 年，矿山实际出矿量为 14 万吨，排放废石 8.78 万吨。具体生产指标见表 7-2。

表 7-2　矿山实际生产情况

采矿量/万吨	开采回采率/%	贫化率/%	出矿品位/g·t⁻¹	掘采比/米·万吨⁻¹
14.0	86.0	15.92	1.68	632.53

7.3.3　采矿技术

针对急倾斜薄矿体矿岩基本稳固而局部不稳固的矿床开采技术条件，自建矿以来就一直使用浅眼留矿法回采。矿块沿走向布置，并划分为矿房与矿柱，矿柱分顶、底、间柱三部分，先采矿房，后采矿柱。设计采空区处理方法为崩落上下盘围岩充填空区。

7.4　选矿情况

7.4.1　选矿厂概况

铧厂沟金矿选矿厂设计年选矿能力为 14.5 万吨，入选品位为 2.4g/t。破碎采用二段一闭路破碎，磨矿采用两段两闭路流程，选矿工艺为重选—氰化—炭浆吸附流程，最终产品合质金品位为97%。

该矿山2011~2013年选矿情况见表7-3。选矿工艺流程如图7-1所示。

表 7-3 铧厂沟金矿选矿情况

年份	入选量/万吨	入选品位/g·t⁻¹	选矿回收率/%	尾矿品位/g·t⁻¹
2011	14.5	1.78	86.6	0.21
2012	14.3	1.43	86.37	0.22
2013	14	1.68	87.32	0.22

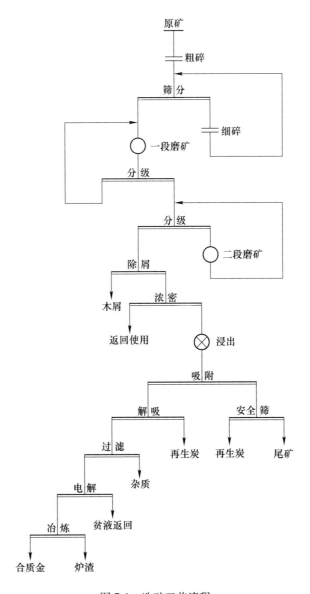

图 7-1 选矿工艺流程

7.4.2　选矿工艺流程

7.4.2.1　破碎筛分流程

原矿矿石经槽式给矿机给到 C80 颚式破碎机，破碎后产品通过胶带输送机给到 YA1530 圆振动筛。筛上产品经胶带输送机入 GP100 圆锥破碎机，破碎后产品返回圆振动筛形成闭路。圆振动筛下产品通过胶带输送机给入粉矿仓。

7.4.2.2　磨矿分级

采用两段两闭路磨矿。矿仓内的物料经皮带给矿机给到 1 台一段 MQG2130 球磨机与 FG2000 高堰单螺旋分级机组成的一段闭路磨矿系统。一段磨矿产品给入 WXJ350 水力旋流器与 MQY2130 球磨机组成的二段磨矿。二段旋流器溢流经 ZQB-60160 直线振动筛除屑，除屑筛下产品至 GX-9 高效浓密机进行浸前浓密。

7.4.2.3　金回收

采用重选—氰化—炭浆工艺。浓密机底流经渣浆泵扬送到浸出槽。浸出后的矿浆自流到 5 台吸附槽，吸附后的矿浆自流到 1 台安全筛，筛上炭回收处理，筛下矿浆到污水处理。提出的矿浆通过直线振动筛筛出载金炭，筛下矿浆自流回吸附槽，筛上载金炭到解吸电解车间进行处理，处理后得到的金泥送冶炼进一步处理，最后得到成品金。选矿厂主要设备见表 7-4。

表 7-4　主要选矿设备

工　序	设备名称	规格型号	使用数量/台（套）
粗碎	槽式给矿机	980×1240	1
粗碎	颚式破碎机	C80	1
细碎	圆锥破碎机	GP100	1
筛分	圆振动筛	YA1530	1
一段磨矿	球磨机	MQG2130	1
二段磨矿	球磨机	MQY2130	1
一次分级	高堰单螺旋分级机	FG2000	1
二次分级	水力旋流器组	WXJϕ350	1
除渣、分级	直线筛	ZQB60160	2
浸出前浓密	浸前高效浓密机	GX-9	1
浸出	浸出槽	ϕ5500×6000	4
吸附	吸附槽	ϕ5000×5500	5
载金炭分离	直线筛	ZQB60160	2

7.4.3　选矿新技术改造

2010~2011 年，铧厂沟金矿引进先进设备，对选矿部分设备进行了更换，对选矿工艺进行了技术改造，降低能耗，提高了选矿回收率。

改造前破碎工艺使用颚式破碎机 PE400×600 和圆锥破碎机 PYZ1200，2011 年上半年采购了新型节能设备诺德伯格 C80 颚式破碎机及 GP100 圆锥破碎机各 1 台代替原有的高耗能、高成本的设备。

在选矿工艺流程增加了重选工艺，在球磨机下口处增加了 1 台摇床（4000mm×1000mm）和 2 台跳汰机，使得大粒金和金精矿提前得到回收，提高了选矿回收率。

7.5　矿产资源综合利用情况

铧厂沟金矿为单一金矿，矿产资源综合利用率为 75.10%，尾矿平均品位（Au）为 0.21g/t。

废石集中堆放在排土场，暂未利用。截至 2013 年，废石累计堆存量为 107 万吨，2013 年排放量为 21 万吨。废石利用率为零，处置率为 100%。

尾矿集中堆存在尾矿库，暂未利用。截至 2013 年，尾矿累计堆存量为 148.94 万吨，2013 年排放量为 14.47 万吨。尾矿利用率为零，处置率为 100%。

8 黄 龙 金 矿

8.1 矿山基本情况

黄龙金矿为地下开采金矿的中型矿山，无共伴生矿产，于1993年8月成立。矿区位于陕西省安康市汉阴区，距汉阴县城约18km，有简易公路通往矿区，县城有铁路和十天高速公路相通，交通较方便。矿山开发利用简表见表8-1。

表8-1 黄龙金矿开发利用简表

基本情况	矿山名称	黄龙金矿	地理位置	陕西省安康市汉阴区
	矿床工业类型	沉积变质-热液叠加型金矿床		
地质资源	开采矿种	金矿	地质储量/kg	6214.92
	矿石工业类型	石英片岩型金矿石	地质品位/g·t^{-1}	1.52
开采情况	矿山规模	10.5万吨/年，中型	开采方式	地下开采
	开拓方式	联合开拓	主要采矿方法	留矿法
	采出矿石量/万吨	7	出矿品位/g·t^{-1}	1
	废石产生量/万吨	0.5	开采回采率/%	90
	贫化率/%	15	掘采比/米·万吨$^{-1}$	240
选矿情况	选矿厂规模	10.5万吨/年	选矿回收率/%	86.8
	主要选矿方法	两段一闭路破碎，两段闭路磨矿，重选尾矿全泥氰化		
	入选矿石量/万吨	7	原矿品位/g·t^{-1}	1
	尾矿产生量/万吨	7	尾矿品位/g·t^{-1}	0.13
综合利用情况	综合利用率/%	78.12	废水利用率/%	100
	废石排放强度/t·t^{-1}	0.74	废石处置方式	排土场堆存
	尾矿排放强度/t·t^{-1}	10.76	尾矿处置方式	尾矿库堆存
	废石利用率	0	尾矿利用率	0

8.2 地质资源

8.2.1 矿床地质特征

黄龙金矿床的成因类型为沉积变质-热液叠加型矿床，黄龙金矿床位于陈家院子-干沟复向斜次级的黄龙倒转背斜北翼、黄龙-沈坝断裂的北部。赋矿地层为下志留统梅子垭组第五岩性段，包括两个小旋回，为薄-中层变砂岩、炭质变砂岩、片理化变砂岩夹含黑云母变斑晶石英绢云片岩、炭质石英片岩及薄层炭质硅质岩；下部常夹有数层薄层状-透镜状炭质灰岩。矿区地层呈北西向展布，倾向北东，基本上为单斜地层。但层间小褶曲发育，局部地段呈现一系列紧闭的尖棱褶曲、平卧褶曲。黄龙金矿床包括硝磺硐、金沟两个矿段，共11个矿体，其中硝磺硐矿段8个矿体，金沟矿段3个矿体。矿体呈似层状或层状，产状与围岩一致，呈渐变过渡接触。

硝磺硐矿段矿石中金属矿物为黄铁矿、磁黄铁矿、钛铁矿、赤（褐）铁矿，少量自然金及银金矿等，金属矿物含量约占矿物总量的5%。脉石矿物主要为石英、绢云母、黑云母、石榴石及绿泥石、绿帘石、碳酸盐矿物、磷灰石、金红石、锆石、榍石、电气石等。金沟矿段矿石中金属矿物为磁黄铁矿，其次为黄铁矿、褐（赤）铁矿，少量自然金、银金矿，偶见黄铜矿、方铅矿、闪锌矿；脉石矿物主要为石英，其次为绢云母、黑云母，少量石榴石、方解石、金红石、电气石及石墨等。

硝磺硐和金沟矿段的矿物组分略有差别：硝磺硐矿段矿石中黄铁矿较多，占矿石中金属矿物总量的30%~40%，磁黄铁矿仅占10%~20%。而金沟矿段则以磁黄铁矿为主，占矿石中金属矿物总量的40%~50%，黄铁矿仅占10%~20%；同时，矿石中含有微量的黄铜矿、闪锌矿及方铅矿。

矿石含金矿物主要为自然金，其次为银金矿。主要由单体金构成（占54.89%），其次为与脉石或硫化物的连生金（12.30%），黄铁矿、磁黄铁矿内的包裹金（21.77%）及云母、石英中的包裹金（11.04%）。金以嵌布于矿物裂隙中的裂隙金为主（占60.87%），其次为嵌布于石英颗粒间的粒间金（23.19%）及嵌布于云母及石英条层间的层间金（13.04%），少量包裹金（2.90%）。

矿石结构：具自形-半自形-他形粒状结构、鳞片粒状变晶结构、变斑状结构、板条状结构、包含结构、次生交代和交代残余结构。矿石构造：具条带状浸染构造、片状构造、散染状构造、细脉浸染状构造、粒间浸染构造、稀散似斑状构造。可分为浸染状黄铁矿绢云母石英片岩型（主要分布于硝磺硐矿段）、浸染状磁黄铁矿绢云母石英片岩型（主要分布于金沟矿段）。

矿区内的围岩蚀变主要有硅化、绢云母化、黄铁矿化等，蚀变与成矿关系较为密切。

8.2.2 资源储量

矿石含金矿物主要为自然金，其次为银金矿，矿石自然类型为石英片岩型，金平均地质品位为1.52g/t。矿山累计查明金资源储量（金属量）为6214.92kg。

8.3 开采情况

8.3.1 矿山采矿基本情况

黄龙金矿为地下开采的中型矿山，采取联合开拓，使用的采矿方法为留矿法。矿山设计年生产能力10.5万吨，设计开采回采率为90.2%，设计贫化率为12%，设计出矿品位为1.52g/t。

8.3.2　矿山实际生产情况

2013 年，矿山实际出矿量为 7 万吨，无废石排放。具体生产指标见表 8-2。

表 8-2　矿山实际生产情况

采矿量/万吨	开采回采率/%	贫化率/%	出矿品位/g·t⁻¹	掘采比/米·万吨⁻¹
8	90	15	1	240

8.4　选矿情况

8.4.1　选矿厂概况

黄龙金矿选矿厂原设计 250t/d 处理量，全泥氰化工艺流程，二段开路碎矿，二段闭路磨矿，磨矿产品细度为 -0.074mm 占 90%，氰浸前脱水到 40% 浓度，经二段预浸、六段浸出、活性炭吸附、解吸、电积、熔炼后得到金锭，尾矿经污水处理外排，工艺流程如图 8-1 所示，选矿厂改造前、后的主要设备见表 8-3 和表 8-4。

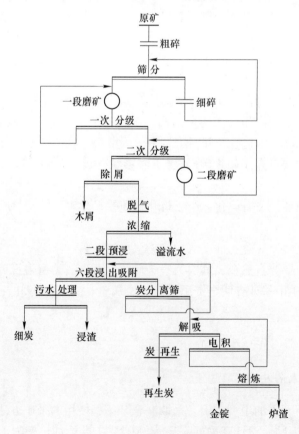

图 8-1　黄龙金矿工艺流程

表 8-3 改造前主要设备

工 序	设 备 名 称	数量/台
粗碎	250×400 颚式破碎机	2
中碎	150×750 颚式破碎机	2
一段球磨	MQG2100×2200 格子型球磨机	1
二段球磨	MQY1500×3500 溢流型球磨机	1
一次分级	FG1500 螺旋分级机	1
二次分级	FX250 旋流器	1
浓缩	ϕ5180 高效浓缩机	1
浸出吸附	ϕ4500×5000 浸出槽	8
污水处理	ϕ3500×4000 污水处理槽	2

表 8-4 改造后主要设备

工 序	设 备 名 称	数量/台
粗碎	400×600 颚式破碎机	1
细碎	ϕ1200 圆锥破碎机	1
一段球磨	MQG2100×2200 格子型球磨机	1
二段球磨	MQY1500×3500 溢流型球磨机	1
一次分级	FG1500 螺旋分级机	1
二次分级	FX250 旋流器	1
浓缩	ϕ5180 高效浓缩机	1
浸出吸附	ϕ4500×5000 浸出槽	10

8.4.2 选矿新技术改造

技术改造从 1998 年年初到 1999 年年底结束，破碎作业由二段开路碎矿改为二段闭路碎矿，降低碎矿产品粒度，以增加磨矿处理量。磨矿作业技术改造主要是降低磨矿产品细度，增加磨矿处理量，同时改造分级作业的设备（渣浆泵和旋流器），以和增加后的磨矿处理量配套。浸出吸附作业技术改造也是为了和增加后的处理能力相配套而进行的。

通过这些措施的逐步落实，矿山处理能力逐步增大，达到 400t/d，浸出时间由 32h 延长到 38h，保证了生产指标的正常和流程的顺畅。

8.4.2.1 碎矿作业改造

由二段开路破碎改为二段闭路破碎，使磨矿给矿粒度由 25mm 减小到 15mm，增加处理量 50t/d 左右；把圆锥的排矿口尽可能调小，虽使破碎段的作业时间由 8~10h/d 延长到 15~18h/d，但破碎产品中细粒级的含量大大增加，破碎作业改造前后对比见表 8-5。这两项一共可增加磨矿处理量将近 100h/d。

表 8-5　破碎作业改造前后对比

阶段	处理矿量 /t·d⁻¹	碎矿产品粒度 /mm	磨矿细度 (−0.074mm)/%	浸出浓度 /%	浸出时间 /h	絮凝剂用量 /g·t⁻¹
改造前	250	−20	90	40	32	60
改造后	400	−15	80	46	38	100

8.4.2.2　磨矿作业改造

通过试验验证，黄龙金矿矿石在 −0.074mm 占 80% 的细度下仍可达到相同的回收率，并且随着浸出时间加长，尾渣品位仍有一定程度的降低。所以把磨矿产品细度由 −0.074mm 占 90% 降到 80%，增加处理矿量 40t/d。

8.4.2.3　分级作业改造

二次分级给矿的渣浆泵提高转速由 960r/min 提高到 1480r/min，提高了渣浆泵的处理能力。FX250 旋流器沉砂口尺寸由 30mm 逐步增加到 67mm，其他的参数如溢流管插入深度减少、管径增大等，使旋流器增大了通过量。旋流器给矿浓度由 20%~22% 调整到 30%~32%，也增加了渣浆泵和旋流器的处理能力。

8.4.2.4　浸出作业改造

投资 12 万元新增 2 个 4.5m×5m 浸出槽，把原两台 3.5m×4m 污水处理槽改为浸出吸附槽，浸出吸附段由原来的二段预浸、六段浸出吸附，改为现在的二段预浸、十段浸出吸附，增加浸出槽处理能力 100t/d；浸出浓度由 40% 增加到 46%~48%，可使浸出槽增加处理能力 40~50t/d。通过浓密机絮凝剂用量从 60g/t 增加到 100g/t 实现。这两项措施可使浸出达到 400t/d 处理能力。

8.5　矿产资源综合利用情况

黄龙金矿为单一金矿，矿产资源综合利用率为 78.12%，尾矿平均品位（Au）为 0.13g/t。

废石集中堆放在排土场，暂未利用。截至 2013 年，废石累计堆存量为 3.4 万吨，2013 年排放量为 0.5 万吨。废石利用率为零，处置率为 100%。

尾矿集中堆存在尾矿库，暂未利用。截至 2013 年，尾矿累计堆存量为 136.67 万吨，2013 年排放量为 7.32 万吨。尾矿利用率为零，处置率为 100%。

9　珲春北山矿

9.1　矿山基本情况

珲春北山矿为露天开采金矿的大型矿山，伴生矿产有铜矿，始建于 1971 年 1 月 14 日，于 1977 年 8 月 25 日正式投产。矿区位于吉林省珲春市春化镇，距图们铁路站 150km，距珲春市区 75km，均有公路相通。其中三道沟至矿区有长为 43km 的矿区自有公路，珲春至图们铁路线可通货车，交通较为方便。矿山开发利用简表见表 9-1。

表 9-1　珲春北山矿开发利用简表

基本情况	矿山名称	珲春北山矿	地理位置	吉林省珲春市
	矿床工业类型	微细粒浸染型金矿床		
地质资源	开采矿种	金矿	地质储量/kg	27782
	矿石工业类型	岩金矿石	地质品位/g·t^{-1}	3.7
开采情况	矿山规模	488.4 万吨/年，大型	开采方式	露天开采
	开拓方式	公路运输开拓	主要采矿方法	组合台阶采矿法
	采出矿石量/万吨	496.52	出矿品位/g·t^{-1}	0.52
	废石产生量/万吨	83.41	开采回采率/%	98.12
	贫化率/%	4.76	开采深度/m	640~400（标高）
	剥采比/t·t^{-1}	0.168		
选矿情况	850t/d 系统产能	28.05 万吨/年	4000t/d 系统产能	132 万吨/年
	9500t/d 系统产能	313.5 万吨/年	选矿回收率/%	70.91
	主要选矿方法	三段一闭路破碎——段闭路磨矿—浮选—重选联合选别		
	入选矿石量/万吨	497.02		
	铜金矿产量/万吨	5.67	精矿品位	Au：23.96~24.52g/t Cu：11.65%~13.594%
	合质金产量/kg	430.81	合质金品位/%	55
	尾矿产生量/万吨	491.35	尾矿品位/g·t^{-1}	0.14
综合利用情况	综合利用率/%	73.78	废水利用率/%	91.29
	废石排放强度/t·t^{-1}	14.87	废石处置方式	排土场堆存
	尾矿排放强度/t·t^{-1}	87.59	尾矿处置方式	尾矿库堆存
	废石利用率	0	尾矿利用率	0

9.2　地质资源

9.2.1　矿床地质特征

珲春北山矿矿床工业类型为微细粒浸染型金矿，矿石工业类型为岩金。北山矿矿体赋存于北北西向扭性断裂裂隙带中，由 26 条矿化裂隙带组成。东西长 800m，南北宽 700m，最大厚度为 280m 左右，在平面上呈东西向展布的椭圆形。赋存标高为 640～390m。矿山开采范围内有一条主要矿体，编号为 1 号，矿体走向长度为 700m，倾角为 80°，矿体厚度为 280m，矿体赋存深度为 5.5m。矿体属稳固矿岩，围岩属于稳固岩石。

9.2.1.1　矿石物质组成

矿石中主要有用矿物是自然金和黄铜矿，其余的有褐铁矿、磁黄铁矿、黄铁矿、少量的白铁矿、方铅矿、斑铜矿、辉钼矿、闪锌矿、毒砂、含铋的硫盐矿物、自然铜、孔雀石等。非金属矿物有石英、长石、方解石、绿泥石、绢云母等。

9.2.1.2　矿石结构、构造

（1）矿石结构。有交代结构、交代熔蚀结构、压碎结构、乳滴状结构。

1）交代结构。该结构分布普遍，早期结晶的毒砂被黄铜矿交代，黄铁矿被黄铜矿交代，黄铁矿被磁黄铁矿交代。

2）交代熔蚀结构。早期形成的黄铁矿被交代熔蚀形成孤岛状、港湾状的典型特征。

3）压碎结构。黄铁矿、毒砂以及黄铜矿受后期应力活动破碎后，由石英和碳酸盐胶结成角砾。

4）乳滴状结构。磁黄铁矿、黄铁矿、辉钼矿、黄铜矿、含铋的硫盐类矿物及碲化物中自然金呈不规则粒状、乳滴状不均匀分布在较大晶体之中。

（2）矿石构造。主要为浸染状构造、脉状或细脉状构造，次要的有条带状构造、角砾状构造、胶状构造。

1）浸染状构造。黄铜矿、磁黄铁矿、黄铁矿在脉石矿物间呈星散状分布，形成浸染状构造。

2）网脉或细脉（含脉）状构造。金属硫化物细脉或网脉充填在岩石构造裂隙中，脉宽从零点几毫米到几十毫米不等，大于 10mm 的较少。

3）条带状构造。金属硫化物细脉与石英细脉、碳酸盐细脉相间平行分布，构成条带状构造。

4）角砾状构造。早期形成的矿物在应力作用下发生破碎，被后期矿液和石英、方解石胶结，早期矿物、矿物集合体呈角砾状分布。

5）胶状构造。黄铁矿或白铁矿在结晶过程中形成胶状同心圆，同心圆各层之间界线不清晰，具渐变关系。

9.2.1.3　矿物组成

北山矿的有用矿物主要为自然金和黄铜矿，二者以共生关系存在。生成于岩浆热液作用的前三个矿化阶段，但有的矿物经历了从早期到晚期的发育过程。有较早岩浆热液作用生成的，也有较晚岩浆热液生成的，各阶段矿物组合如下：

（1）石英-辉钼矿-毒砂-黄铁矿-黄铜矿-自然金阶段。主要为细脉浸染状、浸染状矿化。也有混染交代及充填作用。

（2）石英-黄铜矿-黄铁矿-磁黄铁矿-自然金阶段。此阶段矿化范围较大，交代作用明显，矿化以细脉浸染型为主。

（3）石英脉-白铁矿-黄铁矿-磁黄铁矿-黄铜矿-含铋硫盐矿物-碲化物-自然金阶段。这是金的主要成矿阶段，矿化以细脉、网脉和小脉为主。

金矿化和铜矿化呈正相关的关系，总的趋势是金品位高，铜品位也相对较高，但对单个样品之间比较，不都是绝对的正相关的关系，也有铜低金高或铜高金低的现象，但铜低金低、铜高金高是普遍现象。

9.2.1.4 矿石分类

（1）矿石自然类型可分为氧化矿石和硫化矿石。由于多年的开采，北山矿西侧近地表氧化矿石已基本采完，剩余矿石类型以硫化矿石为主。东侧地表氧化深度不大，在 5～10m，矿石自然类型以硫化矿石为主，氧化矿石数量较少。

氧化矿石多呈蜂窝状或多孔状，主要是自然金、褐铁矿、孔雀石、蓝铜矿的矿物组合，有时可见到自然铜、辉铜矿、斑铜矿等。铜经氧化淋滤作用而贫化，而金相对保持稳定。

硫化矿石根据金属硫化物的含量及其特征可分为三种类型：

1）贫硫化物的自然金-黄铜矿-黄铁矿型金铜矿石。该类矿石还含有少量辉钼矿、钛铁矿等。脉石矿物为石英、长石、角闪石、绢云母、绿泥石等。此类矿石以浸染状构造为主，金属硫化物含量小于1%。

2）低硫化物的自然金-黄铜矿-黄铁矿型金铜矿石。该类矿石中金属硫化物组合及矿石矿物组合均与贫硫化物矿石类型相同，所不同的只是硫化物含量稍多一些，金属硫化物含量为1%～5%，此类矿石以网脉状和细脉状构造为主。

3）中硫化物的自然金-黄铜矿-黄铁矿-磁黄铁矿型金铜矿石。此类矿石数量很少。金属矿物有自然金、黄铜矿、黄铁矿、磁黄铁矿、含铋的硫盐矿物、少量的辉钼矿。脉石矿物以石英、方解石为主。这类矿石以条带状构造、角砾状构造为主，金属硫化物含量为5%～15%。北山矿段的矿石以前两种为主，占80%以上。

（2）按容矿围岩的岩石类型可将矿石分为闪长岩型金铜矿石、角岩型金铜矿石和花岗岩型金铜矿石。

（3）按金、铜组分，矿石工业类型可分为金矿石、铜矿石、金铜矿石三种。在北山矿段金矿石及铜矿石极少，不足5%，绝大部分为金铜矿石，占95%以上。

9.2.2 资源储量

矿石工业类型为岩金，累计查明金矿矿石量为 106324.359kt，金属量为 64963kg，保有金矿矿石量为 61772.01kt，金属量为 30399kg，金矿平均地质品位（Au）为 0.53g/t；累计查明共生矿产铜矿金属量为 222647t，保有金属量为 118894t，铜矿平均地质品位（Cu）为 0.194%；累计查明伴生矿产银矿金属量为 200t，保有银矿金属量为 116.1t，银矿平均地质品位为 1.88g/t，未达到综合利用组分要求。

9.3 开采情况

9.3.1 矿山采矿基本情况

珲春北山矿为露天开采的大型矿山，采取公路运输开拓，使用的采矿方法为组合台阶采矿法。矿山设计年生产能力488.4万吨，设计开采回采率为96.5%，设计贫化率为3.5%，设计出矿品位为0.6g/t。

9.3.2 矿山实际生产情况

2013年，矿山实际出矿量为496.52万吨，排放废石83.41万吨。矿山开采深度为640~400m标高。具体生产指标见表9-2。

表9-2 矿山实际生产情况

采矿量/万吨	开采回采率/%	贫化率/%	出矿品位/g·t⁻¹	露天剥采比/t·t⁻¹
412.03	98.12	4.76	0.52	0.168

9.3.3 采矿技术

9.3.3.1 在开采中制定合理的采剥计划

在年度生产计划的基础上，将其细化为季度、月度计划，根据矿体赋存情况及矿岩性质，遵循贫富兼采、合理配矿、粉块搭配的原则，科学合理地安排好爆堆的衔接计划。推行精细化的技术管理，加强资源利用的技术管理和现场管理力度，努力降低采场的损失率和贫化率，充分回收利用爆堆中的窄小矿体，认真做好最终边坡的控制爆破技术，严格控制好开挖轮廓线以外岩体的稳定状态。

9.3.3.2 优化开采工艺

不断优化运输线路，充分运用集矿场，做好炮孔岩粉品位与实际品位之间的验证修正工作，努力实现均衡供矿，降低吨矿成本。

9.3.3.3 合理运用IDS圈矿技术提高回采率

利用150mm潜孔钻吹上来的岩芯粉进行取样和化验（炮孔间距为3.75m×4.75m），同时将各孔位测量定位，利用紫金自己研发的IDS软件对爆堆进行圈矿（二次圈矿），准确分清矿岩界线，以最快的速度为现场生产提供基础数据，实现合理配矿提供准确的品位依据。矿山主要采矿设备明细见表9-3。

表9-3 矿山主要采矿设备

序号	设备名称	型号或规格	数量
1	挖掘机	480DL	2
2	挖掘机	EC360DLC	1
3	挖掘机	PC360C-7	4
4	潜孔钻	HCM451	1

序号	设备名称	型号或规格	数量
5	潜孔钻机	KQGY150	5
6	装载机	XG951 Ⅱ	2
7	装载机	XG953	2
8	自卸汽车	CQ3253TMC384	8
9	自卸汽车	CQ3163T6F15G384	24
10	空压机	PESJ830	4
11	空压机	PESJ1000	1
12	推土机	T120A	2
13	压风机	DXHG950-20	1
14	变压器	20kVA	2
15	柴油发电机	15K	1
16	吊车	8t	1
17	破碎锤	—	1
合计			62

9.4　选矿情况

9.4.1　选矿厂概况

珲春北山金矿选矿厂建有 3 个选矿系统，选矿厂生产能力情况见表 9-4。选矿方法为浮选、重选，工艺流程如图 9-1 所示。选矿产品为铜金混合精矿、合质金。铜金混合精矿采用浮选法，金品位为 23.96~24.52g/t，铜品位为 11.65%~13.594%，铜金混合精矿的产率为 1.126%~1.28%。合质金采用重选法，金品位为 55%。该矿山 2011 年、2013 年选矿情况见表 9-5。

表 9-4　选矿厂生产能力情况

选矿厂系列	设计能力/万吨	设计入选品位/g·t^{-1}	最大入磨粒度/mm	磨矿细度
850t/d 系统	28.05	0.60	14	-0.074mm 占 60%
4000t/d 系统	132	0.60	14	-0.074mm 占 62%
9500t/d 系统	313.5	0.60	14	-0.074mm 占 65%

表 9-5　矿山选矿情况

年份	入选矿石量/万吨	入选品位/g·t^{-1}	选矿回收率/%	耗水量/t·t^{-1}	耗新水量/t·t^{-1}	选矿耗电量/kW·h·t^{-1}	磨矿介质损耗/kg·t^{-1}
2011	556.89	0.59	69.39	1.86	0.02	29.34	0.75
2013	497.02	0.49	70.91	2.23	0.19	30.21	0.75

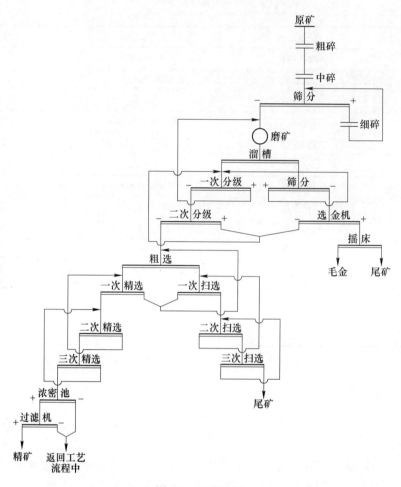

图 9-1　工艺流程

9.4.2　选矿工艺流程

9.4.2.1　破碎筛分流程

破碎采用三段一闭路碎矿流程，原矿由 SV1562 振动棒条给料机给入 C160 颚式破矿机，破碎后的产品由带式输送机给入 HP500 标准超粗型圆锥破碎机，破碎后的产品由带式输送机送至 2YKR3675NJ 圆振动筛，筛上产品由带式输送机送入缓冲仓，再分别由皮带给矿机给入 HP500 短头中型圆锥破碎机，破碎产品通过带式输送机返回到 2YKR3675NJ 圆振动筛形成闭路。圆振动筛筛下产品通过带式输送机送入粉矿仓。

9.4.2.2　磨浮

磨矿采用一段磨矿两次分级闭路磨矿流程。浮选采用一次粗选、三次扫选、三次精选流程。磨浮采用两个系列。粉矿仓的矿石由胶带给矿机给到 MQY5074 溢流型球磨机。球磨机排矿给入 $\phi550×4$ 水力旋流器进行一次分级，旋流器底流返回球磨机形成闭路磨矿；旋流器溢流给入 $\phi500×4$ 水力旋流器进行二次分级，二次分级底流返回一次分级，二次分级的溢流给入浮选前 XB4000×4000 搅拌槽搅拌后进入 XCFⅡ/KYFⅡ-40 浮选机粗选，粗选泡沫由 XCFⅡ/KYFⅡ-8 浮选机进行三次精选，粗选尾矿由 13 台 XCFⅡ/KYFⅡ-40 浮选机进行三次扫选，浮选尾矿送入尾矿库，精矿进入脱水作业。

9.4.2.3 重选

部分球磨机排矿经过 USL2045 直线振动筛，筛下物料给入尼尔森选金机，得到的重砂再用摇床进行精选得到金精矿。

9.4.2.4 脱水

浮选得到的金铜混合精矿进入 NX2-21 中心传动浓缩机进行浓缩，浓缩机溢流返回浮选流程，浓缩机底流给入 HGT30/5 陶瓷过滤机进行过滤，滤液返回到浮选流程中，滤饼直接卸入精矿池中。选矿主要设备型号及数量见表 9-6。

表 9-6 选矿主要设备型号及数量

工 序	设备名称	规格型号	使用数量/台（套）
粗碎	颚式破碎机	C160	1
中碎、细碎	圆锥破碎机	HP500	3
筛分	双层圆振筛	2YKR3675NJ	3
磨矿	球磨机	MQY4060	2
	球磨机	MQY5074	2
	球磨机	MQY2740	1
一次分级	旋流器组	FX550	20
二次分级	旋流器组	FX500	14
浮选	浮选机	XCFII-24	42
	浮选机	XCFII-4	10
	浮选机	XCFII-40	10
	浮选机	KYFII-40	26
	浮选机	XCFII-8	8
	浮选机	KYFII-8	2
重选	选金机	KC-XD30	1
	选金机	KC-XD40	4
精矿过滤	陶瓷过滤机	HTG30/5	2

9.4.3 选矿新技术改造

2003 年以来，面对小西南岔金铜矿日益下降的矿石品位，珲春紫金矿业进行过两次大规模采选改扩建工程：2004 年 8 月建成投产新增 4000t/d 选矿技改工程，使选矿生产规模达到 5500t/d；2008 年 9 月建成投产新增 9500t/d 选矿技改工程，使选矿总生产规模达到 15000t/d。

9.5 矿产资源综合利用情况

珲春北山矿主矿产为金矿，伴生有铜矿，矿山对铜进行了综合回收，矿产资源综合利用率为 73.78%, 尾矿平均品位 (Au) 为 0.14g/t。

废石集中堆放在排土场, 暂未利用。截至 2013 年, 废石累计堆存量为 2650.45 万吨, 2013 年排放量为 83.41 万吨。废石利用率为零, 处置率为 100%。

尾矿集中堆存在尾矿库, 暂未利用。截至 2013 年, 尾矿累计堆存量为 2840.74 万吨, 2013 年排放量为 491.41 万吨。尾矿利用率为零, 处置率为 100%。

10 火峰垭金矿

10.1 矿山基本情况

火峰垭金矿为地下开采金矿的小型矿山，无共伴生矿产，于 2010 年 2 月成立。矿区位于陕西省汉中市宁强县，距宁强县城 65km，距阳平关火车站约 22km，有公路相通，距汉中市为 135km，有铁路和京昆高速公路相通，交通方便。矿山开发利用简表详见表 10-1。

表 10-1 火峰垭金矿开发利用简表

基本情况	矿山名称	火峰垭金矿	地理位置	陕西省汉中市宁强县
	矿床工业类型	石英脉型金矿床		
地质资源	开采矿种	金矿	地质储量/kg	2122
	矿石工业类型	岩金矿石	地质品位/g·t^{-1}	4.54
开采情况	矿山规模	4.5 万吨/年，小型	开采方式	地下开采
	主要采矿方法	潜孔留矿法	采出矿石量/万吨	1.8
	出矿品位/g·t^{-1}	1.7	废石产生量/万吨	0.048
	开采回采率/%	90	贫化率/%	7
	掘采比/米·万吨$^{-1}$	320		
选矿情况	选矿厂规模	4.5 万吨/年	选矿回收率/%	94
	主要选矿方法	两段破碎，一段闭路磨矿，浮选—重选联合选别		
	入选矿石量/万吨	1.8	原矿品位/g·t^{-1}	1.7
	精矿产量/万吨	0.016	精矿品位/g·t^{-1}	162.56
	尾矿产生量/万吨	1.784	尾矿品位/g·t^{-1}	0.08
综合利用情况	综合利用率/%	84.60	废水利用率/%	89.50
	废石排放强度/t·t^{-1}	0.44	废石处置方式	外销
	尾矿排放强度/t·t^{-1}	19	尾矿处置方式	尾矿库堆存
	废石利用率	0	尾矿利用率	0

10.2 地质资源

10.2.1 矿床地质特征

10.2.1.1 地质特征

火峰垭金矿成因类型为火山沉积-后期构造热液型金矿床，矿床工业类型为石英脉型，矿区出露地层主要为中上元古界碧口群二亚群二岩组二岩段，为一套中基性海相火山岩，根据岩性组合特征进一步划分为三个岩性层，其岩石类型主要有糜棱岩化细碧岩、细碧质凝灰岩、角斑质凝灰岩夹大理岩、次生石英岩等。断裂构造：F1 断层是矿区内唯一的断裂构造，规模相对较大，呈近东西向展布，横贯全区，两端延伸出矿区以外，断层面倾向为 340°~350°，倾角为 70°~78°。在林家崖、袁家坪一带见有破碎带，宽度一般为 5~20m。断层性质表现为压扭性，两侧地层有明显的错动，断距一般为 44~120m，对矿体无影响，其余断裂构造规模小。韧性剪切带：韧性剪切带是区内主要的构造表现形式。整个矿区处在韧性剪切带内，规模大，分布范围广，主要表现为强烈的塑性流动变形和强烈的糜棱岩化特征，构成宽度近 1.1km 的片理化糜棱岩带，总体面理产状倾向为 325°~350°，倾角为 65°~75°。带内原岩的原生层理已被构造置换成各种面理，尤其是糜棱岩化细碧岩内各种新生面理构造最为发育，岩石均不同程度地显示出韧性剪切变形过程中由于变质分异作用而形成的条带、似条带状构造特点。同时还经历了多期构造变形作用，即早期韧性剪切变形和晚期脆性变形。前者表现为透入性流劈理，控制石英脉及侵入体的展布方向，而后者强剪切作用使得成矿热液沿构造裂隙活动，形成了含金石英脉。

矿区岩浆岩主要有石英闪长岩、花岗斑岩。规模最大的加里东期石英闪长岩体分布于矿区西北角的上清岗岭-赵家河一带出露，面积约 3.00km²。其余花岗斑岩为岩脉，零星出露。

矿区矿体主要受地层、岩性及韧性剪切构造控制，个数多、规模小，呈脉状，分段集中，平行斜列产出。矿体主要产于石英脉以及脉两侧岩石中。含矿脉体斜切地层，凡有金矿化的地段均有石英脉存在，特别是北北东向一组石英脉与矿化关系最为密切。矿体形态简单，呈脉状，具尖灭再现特点。

10.2.1.2 矿石特征

火峰垭金矿主要包括两种矿体类型。第一类为石英脉型金矿石：矿石中金属矿物主要为黄铁矿、少量方铅矿、黄铜矿、黝铜矿、镜铁矿。贵金属矿物为自然金。脉石矿物主要以石英为主，少量钠长石、磷灰石、电气石、碳酸盐之类。第二类为蚀变细碧岩型金矿石：金属矿物主要为黄铁矿，其次为褐铁矿，少量闪锌矿、方铅矿、黄铜矿、铜蓝、黝铜矿、磁铁矿、赤铁矿、镜铁矿等。贵金属矿物为自然金。脉石矿物主要为钠长石、白云石、含铁白云石，其次为石英、绢云母、白云母、少量磷灰石、电气石、铬镍云母。

矿石结构：主要矿石结构包括自形、半自形粒状结构，填隙结构，他形粒状结构及包含结构。矿石构造：分变余及变成构造两大类。变余构造形成较早，以细脉浸染状构造和平行细脉浸染状构造常见，平行细脉浸染状构造以同围岩或含矿岩石的片理方向一致为其特点，呈细脉浸染状者，常斜交或横切片理。变成构造形成较晚，以星散状构造为主，其次为受力作用形成的角砾状构造及角砾斑杂状构造等。

10.2.2 资源储量

火峰垭金矿矿石工业类型为岩金，矿石平均地质品位为 4.54g/t，矿山累计查明金资源储量（金属量）为 2122kg。

10.3 开采情况

10.3.1 矿山采矿基本情况

火峰垭金矿为地下开采的小型矿山，使用的采矿方法为潜孔留矿法。矿山设计年生产能力 6 万吨，设计开采回采率为 95%，设计贫化率为 10%，设计出矿品位为 4.54g/t。

10.3.2 矿山实际生产情况

2013 年，矿山实际出矿量为 1.8 万吨，排放废石 0.048 万吨。具体生产指标见表 10-2。

表 10-2 矿山实际生产情况

采矿量/万吨	开采回采率/%	贫化率/%	出矿品位/$g \cdot t^{-1}$	掘采比/米·万吨$^{-1}$
1.88	90	7	1.7	320

10.4 选矿情况

火峰垭金矿选矿厂设计年选矿能力为 4.5 万吨，设计入选品位为 4.09g/t，最大入磨粒度为 40mm，磨矿细度为 -0.074mm 占 90%，最大入磨粒度为 40mm。选矿厂 2013 年入选矿石 1.8 万吨，入选品位为 1.7g/t，选矿回收率为 85%。

10.5 矿产资源综合利用情况

火峰垭金矿为单一金矿，矿产资源综合利用率为 84.60%，尾矿平均品位（Au）为 0.08g/t。

废石全部进行了利用。截至 2013 年，废石累计堆存量为零，2013 年排放量为 0.048 万吨。废石利用率为 100%，处置率为 100%。

尾矿集中堆存在尾矿库，暂未利用。截至 2013 年，尾矿累计堆存量为 8.39 万吨，2013 年排放量为 2.09 万吨。尾矿利用率为零，处置率为 100%。

11　夹皮沟二道沟矿

11.1　矿山基本情况

夹皮沟二道沟矿为地下开采金矿的中型矿山，伴生矿产有铜矿、铅矿，于 1961 年 4 月 17 日建矿，1961 年 10 月 17 日投产。矿区位于吉林省吉林市桦甸市，距桦甸市直线距离 86km，距最近的红石砬子火车站直距 37km。长春至大蒲柴河公路在矿区北部 1km 处通过，有矿山公路与矿区相连，交通便利。矿山开发利用简表详见表 11-1。

表 11-1　夹皮沟二道沟矿开发利用简表

基本情况	矿山名称	夹皮沟二道沟矿	地理位置	吉林省吉林市桦甸市
	矿山特征	第二批国家级绿色矿山	矿床工业类型	含金石英脉型金矿床
地质资源	开采矿种	金矿	地质储量/kg	3935.27
	矿石工业类型	岩金矿石	地质品位/$g\cdot t^{-1}$	6
开采情况	矿山规模	6 万吨/年，中型	开采方式	地下开采
	开拓方式	平硐-竖井联合开拓	主要采矿方法	削壁充填采矿法
	采出矿石量/万吨	9	出矿品位/$g\cdot t^{-1}$	2.93
	废石产生量/万吨	1	开采回采率/%	93.24
	贫化率/%	5	开采深度/m	592~-450（标高）
	掘采比/米·万吨$^{-1}$	600		
选矿情况	选矿厂规模	56.1 万吨/年	选矿回收率/%	92
	主要选矿方法	二段一闭路破碎—两闭路磨矿—全泥氰化炭浆吸附		
	入选矿石量/万吨	9	原矿品位/$g\cdot t^{-1}$	2.93
	金锭产量/kg	242.63		
	尾矿产生量/万吨	9	尾矿品位/$g\cdot t^{-1}$	0.24
综合利用情况	综合利用率/%	85.57	废石处置方式	排土场堆存
	废石利用率	0	尾矿处置方式	尾矿库堆存
	废水利用率/%	92	尾矿利用率	0

11.2 地质资源

11.2.1 矿床地质特征

11.2.1.1 地质特征

夹皮沟二道沟矿矿床工业类型为含金石英脉型金矿床，矿石工业类型为岩金，夹皮沟金矿区位于天山-阴山东西构造带东端北缘与新华夏系第二隆起张广才岭南西延长部交接地段，为辉发河华夏系构造与东西构造带复合部位。夹皮沟处于华北地台北东边缘，是辉南-桦甸和龙金铁成矿带中部主要的矿化集中区和产金基地。

区内出露的地层为上太古界夹皮沟群，是一套由基性-中性-酸性火山岩、火山碎屑岩及硅铁质沉积岩，经角闪岩相-绿片岩相中低级区域变质作用和轻微混合岩化作用形成的变质岩系，具太古代绿岩带的某些特征。

矿山开采范围内共有 3 条工业矿体，分别为新 1 号脉、12 号脉、新 5-1 号脉。

（1）新 1 号脉。受压扭性断裂构造控制，主要赋存在斜长角闪岩与角闪斜长片麻岩接触带的挤压蚀变断裂带中，由含金石英脉及其上下盘石英网脉带构成，矿体呈薄层状单脉产出，走向最大延长 750m，延深 1050m。矿体局部具膨缩变化，甚至出现细小分枝，基本上无夹石，总体上矿体呈比较规则的单脉产出。主要分布在海拔 592～-952m 标高，走向 350°～360°，倾向 80°～90°，倾角 70°～90°。-450m 标高上部矿体走向最大长度为 750m，倾斜延伸为 550m，厚度最小为 0.2m、最大为 1.25m，平均厚度为 0.47m，厚度变化系数为 75%。矿体中金品位为 4.48～37.62g/t，平均品位为 8.69g/t，品位变化系数为 83%。-450m 标高下部矿体走向最大长度为 540m，倾斜延伸为 500m，厚度最小为 0.2m、最大为 1.05m，平均厚度为 0.71m，厚度变化系数为 91%。矿体中金品位为 2.48～5.88g/t，平均品位为 4.33g/t，品位变化系数为 94%。

（2）12 号脉。矿体呈扁豆状产出，走向 335°～350°，倾向 65°～80°，倾角 65°～75°。矿体走向最大长度为 120m，倾斜延伸为 50m，厚度最小为 0.3m、最大为 1.25m，平均厚度为 0.96m，厚度变化系数为 82%。矿体中金品位为 5～20g/t，平均品位为 7.05g/t，品位变化系数为 92%。

（3）新 5-1 号脉。矿体呈单脉状产出，沿走向最大连续延长 185m。417～216m 标高，连续延伸 201m，走向 340°～350°，倾向 70°～80°，倾角 85°～90°，受压扭性断裂构造控制，主要赋存在斜长角闪岩与角闪斜长片麻岩接触带的挤压蚀变断裂带中，由含金石英脉及其上下盘石英网脉带构成。矿体局部具膨缩变化，甚至出现细小分枝，基本上无夹石，总体上矿体呈比较规则的单脉产出。厚度最小为 2.4m、最大为 3.0m，平均厚度为 2.8m，厚度变化系数为 26%。矿体中金品位为 0.99～2.80g/t，平均品位为 2.10g/t，品位变化系数为 53%。

矿体属稳固矿岩，围岩属于稳固岩石。

11.2.1.2 矿石特征

矿石氧化程度较低，一般氧化较强的矿石在地表向下垂深 20m 范围之内，混合矿石一般在垂深 20~30m，垂深 30m 以下矿石都是原生矿石，没有受任何氧化作用的影响。

（1）矿石类型。根据金属矿物在不同围岩中的赋存状态。将本区内的工业矿石分为两个自然类型。

1）含金多金属石英脉型矿石。金与金属硫化物共生组合在一起组成条带状、网脉状、脉状、块状、团块状、角粒状及浸染状赋存于石英脉中，构成含金多金属石英脉。

2）含金多金属浸染型矿石。金与细粒的黄铁矿、方铅矿沿石英脉上下围岩进行交代或呈石英细脉交织而成网脉赋存于围岩中，形成工业矿体的一部分。

（2）矿石结构。本区的矿山结构分为以下 5 类。

1）自形晶结构。矿石中少部分黄铁矿、方铅矿呈此结构。

2）半自形晶-他形粒状结构。多数黄铁矿、方铅矿及其他金属矿物都为此结构。

3）他形等粒结构。见于多金属硫化物矿石中，黄铜矿和方铅矿呈大、小基本相等细粒状的他形晶连在一起。

4）碎裂结构。黄铁矿由于受构造应力作用的影响而呈此构造。

5）包含结构。在黄铜矿、黄铁矿中见有微细粒金嵌存于其中而呈此结构。

（3）矿石构造。本区的矿石构造分为以下 6 类。

1）带状构造。含金的金属硫化物及暗色矿物呈条带状分布于石英脉中，带宽 5~10cm。

2）条带状构造。含金的金属硫化物及暗色矿物充填在石英脉纵向裂隙中，构成明显的条带状，此构造为含金石英脉的主要构造。

3）网脉状构造。含金的金属硫化物呈小细脉纵横交错穿插在石英脉及围岩裂隙中。

4）块状构造。含金的金属硫化物与浅灰色石英伴生组合在一起，呈致密块状矿石出现。

5）团块状构造。含金的金属硫化物伴生组合在一起，呈团块状赋存于石英脉中。

6）浸染状构造。细粒的含金金属硫化物交代在蚀变的角闪斜长片麻岩及闪长玢岩中，呈细粒分散状分部在片麻岩及成矿前期闪长玢岩中，形成特殊的浸染型矿石。

（4）矿石主要矿物成分。金属矿物主要有黄铜矿、方铅矿、自然金等。非金属矿物主要有石英、云母、绿泥石、绢云母、碳酸盐等。矿石中有用组分金属元素为金、铜、铅等，非金属元素为氧、硅、碳等。矿石中的金的粒度主要在 0.074~0.01mm 之间，金矿物的形态主要为角粒状、针线状、浑圆粒状等，金的赋存状态为多呈粒间金，其次为裂隙金，少量为包裹金。

11.2.2　资源储量

夹皮沟二道沟金矿主要矿石工业类型为岩金，主要矿种为金，伴生矿产有铜、铅等。截至 2013 年年底，矿山累计查明金矿矿石量为 701.4kt，金属量为 3935.27kg，金矿平均地质品位（Au）为 6g/t；累计查明伴生矿产铜矿石量为 59kt，金属量为 16t，铜矿平均地质品位（Cu）为 0.08%；累计查明伴生矿产铅矿石量为 59kt，金属量为 861t，铅矿平均地质品位（Pb）为 1.46%。

11.3 开采情况

11.3.1 矿山采矿基本情况

夹皮沟二道沟矿为地下开采的中型矿山，采取平硐—竖井联合开拓，使用的采矿方法为削壁充填采矿法。矿山设计年生产能力 6 万吨，设计开采回采率为 90%，设计贫化率为 17%，设计出矿品位为 5g/t。

11.3.2 矿山实际生产情况

2013 年，矿山实际出矿量 9 万吨，排放废石 1 万吨。矿山开采深度为 592～-450m 标高。具体生产指标见表 11-2。

表 11-2 矿山实际生产情况

采矿量/万吨	开采回采率/%	贫化率/%	出矿品位/g·t^{-1}	掘采比/米·万吨$^{-1}$
8.864	93.24	5	2.93	600

11.3.3 采矿技术

矿山主要采矿设备见表 11-3。

表 11-3 矿山主要采矿设备明细表

序号	设备名称	型 号	数量
1	提升机	2JK-2/20	1
2	提升机	2JK-2.5/20	1
3	提升机	JKM-2.25×4×7.35	1
4	提升机	2JTP-1.6	1
5	防坠器	FM-111	4
6	防坠器	FM-122	2
7	通风机	YBT42-2	2
8	地下铲运机	K40-4-No13	3
9	阿特拉斯凿岩台车	K45-4-N014	1
10	水泵	DFD46-50×8	12
11	水泵	DFD46-30×10	3
12	空气压缩机	DSR-150A	6
13	翻斗车	YFC0.5	15
14	翻斗车	YFC0.7	15
合计			67

11.4 选矿情况

11.4.1 选矿厂概况

夹皮沟金矿选矿厂设计年选矿能力为 56.1 万吨，设计主矿种入选品位为 4g/t，最大入磨粒度为 12mm，磨矿细度为 -0.074mm 占 85%。选矿方法为氰化浸出法，选矿产品为金锭，金品位为 99.99%。

该矿山 2011 年、2013 年选矿情况见表 11-4。

表 11-4 夹皮沟金矿选矿情况

年份	入选量 /万吨	入选品位 /g·t^{-1}	选矿回收率 /%	选矿耗水量 /t·t^{-1}	选矿耗新水量 /t·t^{-1}	选矿耗电量 /kW·h·t^{-1}	磨矿介质损耗 /kg·t^{-1}
2011	7.1	7.89	92.97	2	0.3	48	2
2013	9	2.93	92	2	0.3	48	2

11.4.2 选矿工艺流程

11.4.2.1 破碎筛分流程

碎矿采用二段一闭路碎矿流程，最终破碎粒度不大于 12mm。

碎矿工艺指标：粗碎排矿口不大于 70mm，细碎排矿口不大于 12mm。

一段粗碎采用 CT2436 颚式破碎机，二段细碎采用 TC51 圆锥破碎机，筛分设备为 TTH6203 三轴振动筛，与 TC51 圆锥破碎机形成闭路碎矿。

11.4.2.2 磨矿氰化

磨矿采用的是两段两闭路磨矿工艺，一段磨矿采用 MQY3245 湿式溢流型球磨机与渣浆泵、φ500 水力旋流器组组成闭路磨矿，二段采用 MQY2740 湿式溢流型球磨机与渣浆泵、φ300 水力旋流器组组成闭路磨矿。磨矿产品经 15m 高效浓密机浓密处理后进入氰化浸出。

氰化采用全泥炭浆、活性炭逆流吸附的工艺，要求矿浆细度达到 -0.074mm 占 85%~90%。

11.4.2.3 尾矿过滤工艺

尾矿车间采用陶瓷过滤机处理、干式排矿工艺。过滤车间有 4 台 KS60 陶瓷过滤机与 2 台 TT100 陶瓷过滤机。

11.4.2.4 精炼

氰化产品经冶炼厂精炼产出黄金可直接到上海黄金交易所进行交易。

选矿工艺流程如图 11-1 所示，选矿设备型号及数量见表 11-5。

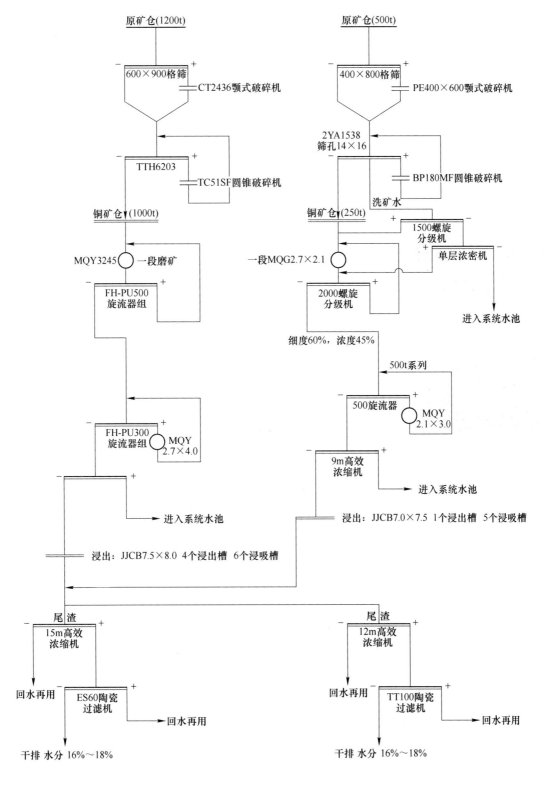

图 11-1 生产工艺流程

表 11-5　主要设备型号及数量

工　序	设备名称	规格型号		使用数量/台(套)
		1200t	500t	
粗碎	颚式破碎机	CT2436	PE600×900	各 1
细碎	圆锥破碎机	TC51SF	BP180MF	各 1
筛分	水平振动筛	TTH6203	2YA1538	各 1
洗矿水分级		—	1500 螺旋分级机	1
一段磨矿	球磨机	MQY3245	MQG2721	各 1
一次分级		FH-PU 500 旋流器	2000 螺旋分级机	各 1
二段磨矿	球磨机	MQY2740	MQY2130	各 1
二次分级	旋流器	FH-PU 300	500	各 1
浸出	浸出槽	JJCB7500×8000	JJCB7000×7500	4+1
吸附	吸附槽	JJCB7500×8000	JJCB7000×7500	6+5
解吸	解吸柱	$\phi700×5500×1$		1
		$\phi1000×5500$		1
电解	电解槽	$\phi1800×2000$		1
		$\phi1500×2500$		1
加热	加热器	$\phi500×1200$		2
过滤	过滤器	$\phi350×500$		2
洗炭	洗炭筛	YS0812		1
尾矿浓缩	高效浓密机	$\phi15m$	$\phi12m$	各 1
尾矿过滤	陶瓷过滤机	TS60	TT100	4+2

11.5　矿产资源综合利用情况

夹皮沟二道沟矿主矿产为金,伴生有铅,铅平均品位为 1.46%,铅没有综合回收,矿产资源综合利用率为 85.57%,尾矿平均品位(Au)为 0.24g/t。

废石堆放于排土场,暂未利用。截至 2013 年,废石累计堆存量为 26.3 万吨,2013 年排放量为 1 万吨。废石利用率为零,处置率为 100%。

尾矿集中堆存在尾矿库,暂未利用。截至 2013 年,尾矿累计堆存量为 427 万吨,2013 年排放量为 8.99 万吨。尾矿利用率为零,处置率为 100%。

12 金 山 金 矿

12.1 矿山基本情况

金山金矿为露天-地下联合开采金矿的大型矿山，无共伴生矿产，是江西省最大的黄金矿山，于1986年建矿。矿区位于江西省德兴市，南距花桥镇5km，有水泥路相通，往西距德兴市25km，经德兴市至乐平-德兴铜矿铁路线香屯站32km，最终到乐平市行程为73km，在乐平市与皖赣铁路和206国道相接。矿区向南100km至弋阳，与浙赣铁路、320国道相接。距花桥镇5km处有德（兴）昌（南昌）高速出口，德昌高速与德上（饶）、景（德镇）婺（源）黄（山）、景（德镇）鹰（潭）高速相接，交通十分便利。矿山开发利用基本情况见表12-1。

表 12-1 金山金矿开发利用基本情况

基本情况	矿山名称	金山金矿	地理位置	江西省德兴市
	矿山特征	第三批国家级绿色矿山	矿床工业类型	变质热液型金矿床
地质资源	开采矿种	金矿	地质储量/kg	22847
	矿石工业类型	贫硫型金矿石	地质品位/g·t⁻¹	1.53
开采情况	矿山规模	66万吨/年，大型	开采方式	露天-地下联合开采
	开拓方式	斜井开拓	主要采矿方法	空场法
	采出矿石量/万吨	61.2	出矿品位/g·t⁻¹	2.56
	废石产生量/万吨	16.88	开采回采率/%	93.72
	贫化率/%	1.21	开采深度/m	180~-200（标高）
	掘采比/米·万吨⁻¹	234		
选矿情况	选矿厂规模	66万吨/年	选矿回收率/%	90.42
	主要选矿方法	两段一闭路破碎，一段闭路磨矿，重选—浮选联合选别		
	入选矿石量/万吨	66.21	原矿品位/g·t⁻¹	2.28
	精矿产量/万吨	1.61	精矿品位/g·t⁻¹	65
	尾矿产生量/万吨	64.6	尾矿品位/g·t⁻¹	0.21
综合利用情况	综合利用率/%	84.74	废水利用率/%	98.08
	废石排放强度/t·t⁻¹	8	废石处置方式	排土场堆存
	尾矿排放强度/t·t⁻¹	30.55	尾矿处置方式	尾矿库堆存
	废石利用率/%	56.87	尾矿利用率	0

12.2　地质资源

12.2.1　矿床地质特征

12.2.1.1　地质特征

金山金矿矿床类型为变质热液型金，矿床金矿体产于金山韧性推覆变形带中的金山-朱林韧性剪切带和阳山剪切带内，受韧性剪切带，超糜棱岩、糜棱岩、千糜岩系列的构造岩，地层中准同生的变安山玄武岩，及韧性剪切带中的主剪切面控制。主剪切面附近为 V_1 主矿体，V_1 矿体上盘依次为 V_2、V_7、V_8、V_9 四条矿体，V_1 矿体下盘为 V_{10} 一条矿体，阳山区段分布 V_3、V_4、V_5、V_6 四条矿体，阳山区段 V_6 矿体空间上与 V_1 矿体相当，V_5 在 V_4 上部，V_4 在 V_3 上部。含矿岩石为超糜棱岩、糜棱岩、千糜岩系列的蚀变构造岩，属于韧性剪切带控制的变质热液型金矿床。

矿石中有用组分仅金一种，伴生有益组分含量低，铜 0.008%、铅 0.01%、锌 0.023%、银 0.5%，均无综合回收利用价值。矿石中有害元素砷含量较低为 0.03% ~ 0.20%，平均含量为 0.14%，有机碳含量为 0 ~ 0.09%，平均含量为 0.067%，石墨碳含量为 0.06% ~ 0.28%，平均含量为 0.165%。

12.2.1.2　矿石特征

金山金矿区矿石矿物组成比较简单，金属矿物除自然金外，主要有黄铁矿，其次为金红石、磁铁矿、赤铁矿、毒砂、闪锌矿、黄铜矿及方铅矿等；脉石矿物主要为石英，其次为绢云母、绿泥石、钠长石和铁白云石等。

矿石中有用矿物仅自然金一种，硫化物仅占矿石质量的 1% ~ 3%，其中黄铁矿占金属矿物的 80% 以上，矿石矿物有黄铁矿、磁黄铁矿、白铁矿、黄铜矿、方铅矿、闪锌矿、磁铁矿、钛铁矿、自然金、钨铁矿、菱铁矿、白钨矿、锡石、白钛石、铬铁矿、氯钴矿、毒砂、辉钼矿等；脉石矿物有石英、钠长石、绢云母、铁白云石、重晶石、冰长石、阳起石和斜黝帘石等。

矿区有工业价值的矿石自然类型仅有原生矿石，按矿石的矿物共生组合、结构构造等特征可划分以下三种类型：

（1）星散浸染状硅化黄铁矿化超糜棱岩-糜棱岩型矿石（简称块状矿石）。由具硅化、黄铁矿化、铁白云石化的超糜棱岩、糜棱岩组成，呈浅灰-深灰色或烟灰色，具有超糜棱结构、糜棱结构、他形粒状结构、碎裂结构、包含结构等，以及星散浸染状构造、角砾状构造、脉状-网脉状构造。金属硫化物以黄铁矿为主，其次为毒砂、闪锌矿、黄铜矿、黝铜矿、方铅矿，脉石矿物以石英和铁白云石为主。主要载金矿物黄铁矿粒度以中细粒为主，呈星散浸染状或微脉状分布。自然金粒度以细粒为主，金矿化中等，品位变化区间小。

（2）星散浸染状硅化黄铁矿化千糜岩型矿石（简称条带状矿石）。由硅化、黄铁矿化、铁白云石化的千糜岩夹少量石英细脉及硅质（超糜棱岩）条带组成。外观呈深浅色相间的条带状，具超糜棱结构、糜棱结构、自形-半自形粒状结构、他形粒状结构、碎裂结构，以及星散浸染状构造、皱纹状构造、角砾状构造、脉状-网脉状构造。金矿物为自然金。金属硫化物以黄铁矿为主，其次为毒砂、闪锌矿、黄铜矿、黝铜矿、方铅矿；脉石矿物以石英和绢云母为主。主要载金矿物黄铁矿粒度以中粗粒为主，呈星点状及浸染状分布，少量呈微脉状分布。自然金粒度以中粗粒为主，金矿化较强，品位变化区间较大。

（3）石英脉型。主要由石英脉组成，呈烟灰色和灰白色。具晶粒结构、碎裂结构、包含结构。星散浸染状构造、角砾状构造、脉状构造和晶洞构造。金矿物为自然金一种。金属硫化物以黄铁矿为主，其次为方铅矿、黄铜矿、闪锌矿等。脉石矿物主要为石英，含少量绢云母、绿泥石，自然金粒度比较大，常可见明金（粒径大于0.1mm）。金矿化强，品位高，多在20~50g/t之间，个别金品位高达每吨千余克。

上述三种矿石类型在空间分布上交替出现，没有明显的界线，在矿体上部多为块状矿石，往下渐变为以条带状矿石为主。石英脉型矿石除分布在阳山外，其他区段也少量出现。

12.2.2 资源储量

金山金矿有用组分仅金一种，伴生有益组分含量低，工业类型属贫硫型金矿石，矿山累计查明矿石量14904kt，金金属量22847kg，平均地质品位1.53g/t。

12.3 开采情况

12.3.1 矿山采矿基本情况

金山金矿为地下开采的大型矿山，采取斜井开拓，使用的采矿方法为空场法。矿山设计年生产能力66万吨，设计开采回采率为80%，设计贫化率为12%，设计出矿品位为3.05g/t。

12.3.2 矿山实际生产情况

2013年，矿山实际出矿量为61.2万吨，排放废石16.88万吨。矿山开采深度为180~−200m标高。具体生产指标见表12-2。

表12-2 矿山实际生产情况

采矿量/万吨	开采回采率/%	贫化率/%	出矿品位/g·t^{-1}	掘采比/米·万吨$^{-1}$
65.3	93.72	1.21	2.56	234

12.3.3 采矿技术

金山矿区开采范围内的矿体埋藏较深，矿体倾角较缓，一般为10°~30°，倾斜延深较大，可达千余米，不具备露天开采条件，因此，采用了地下开采方式开采。

开采顺序：由浅到深，由上盘到下盘，由远而近。

根据矿体特性采用浅孔房柱法、浅孔留矿法、浅孔电耙留矿法和中深孔落矿法等空场法进行采矿。采矿采用空场法：

（1）浅孔房柱法。矿体倾角0°~30°，厚度小于5m的薄矿体。其中又分为浅孔规则房柱法、浅孔不规则房柱法，用于老系统的 162m、145m、120m、100m、75m、25m 中段，新系统的 0m、-40m、-80m、-105m、-130m、-155m 中段。采场的底部结构为立式，普通漏斗出矿及电耙巷道出矿。

（2）浅孔留矿法。对矿体倾角大于 50°的陡倾斜矿体采用浅孔留矿法，底部结构为立式普通漏斗出矿。

（3）浅孔电耙留矿法。对于矿体倾角大于 30°而小于 50°的倾斜矿体，矿体厚度小于 5m，底部结构为立式电耙巷道出矿。

（4）中深孔落矿法。对 5~15m 的中厚矿体，底部结构为立式电耙巷道出矿。

12.4　选矿情况

12.4.1　选矿厂概况

金山金矿选矿厂 1987 年建成投产，初始选矿规模 100t/d。1991 年进行二期改扩建工程，1993 年选矿规模 200t/d。同年企业自筹资金，建成日处理 15t 精矿的氰化提金厂。1997 年 6 月建立了重选工段并投产，规模为 25t/d。1998 年，矿山进行三期改扩建工程，1999 年改扩建工程投产，采选规模 450t/d，氰化厂 30t/d，矿山实际生产能力达到 600t/d。2001 年第四次改扩建形成规模 1200t/d，2004 年进行改扩建工程，采选生产规模 1700t/d，2007 年新建阳山选矿厂投产，选矿生产能力达 300t/d，只处理不适合高品位重选的矿石。金山和阳山两选矿厂到 2007 年已形成采选规模 2000t/d，持续生产至今。选矿厂金矿浮选实际回收率为 90.30%。

12.4.2　选矿工艺流程

12.4.2.1　碎磨流程

破碎采用两段一闭路流程，最终碎矿粒度小于 12mm。磨矿采用一段闭路磨矿流程，磨矿产品细度为-0.074mm 占 65%~70%。

12.4.2.2　浮选流程

金山选厂浮选工艺采用一粗二精三扫，最终产品为金精矿。2008 年以来，原矿入选品位为 2~2.5g/t，浮选实际回收率（不含重选）为 90%~91%。最终金精矿品位为 55~75g/t。

12.4.2.3　重选工艺

重选工段于 1997 年 6 月投产，选矿能力为 25t/d，主要处理含自然金的石英脉型品位较高的矿石。经两次技术改造后，2006 年 10 月选矿能力达到 100t/d，采用一段开路破碎和一段闭路磨矿流程。选矿工艺采用铺布溜槽和摇床重选，产品为合质金，尾矿送往浮选流程进行。重选产品的合质金，经过提炼形成成品金。含金达到 99.99%。阳山选矿厂浮选实际回收率为 84.77%。

12.4.3　选矿技术改造

阳山选矿厂是在利用原来机修厂的基础上建造起来的，原有工艺采用水力旋流器与球

磨机构成一段闭路磨矿，阳山选矿厂原工艺流程如图 12-1 所示。设计浮选作业浓度为
32%左右，磨矿细度为-0.074mm 占 60%~65%。由于入磨粒度较大，磨矿产品经过圆筒
筛后仍有部分粗颗粒矿石进入旋流器，导致旋流器工作不稳定，分级溢流跑粗，不得不在
搅拌桶和浮选机底槽排放粗砂。同时，矿浆量波动很大，对浮选工艺造成严重影响，导致
金浮选回收率偏低。

为解决这个问题，在磨矿分级作业中增加一台 FLG-12 螺旋分级机，变成两段分级，
使得最终溢流的细度为-0.074mm 占 68%~70%。工艺运行平稳，金的浮选回收率比原来
工艺有了明显提高。改造后的流程如图 12-2 所示。

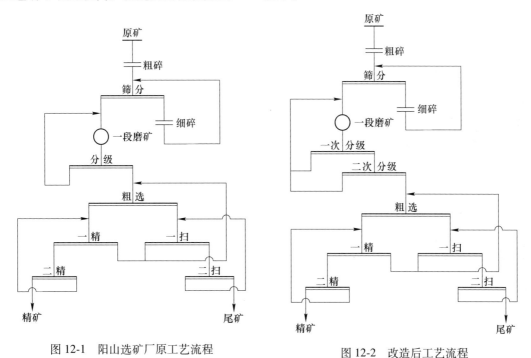

图 12-1　阳山选矿厂原工艺流程　　　　图 12-2　改造后工艺流程

12.5　矿产资源综合利用情况

金山金矿为单一金矿，矿产资源综合利用率 82.55%，尾矿平均品位（Au）为
0.21g/t。

废石集中堆放于排土场，截至 2013 年，废石累计堆存量为 70.08 万吨，2013 年排放
量为 16.88 万吨。废石利用率为 56.87%，处置率为 100%。

尾矿集中堆存在尾矿库，暂未利用。截至 2013 年，尾矿累计堆存量为 455.8 万吨，
2013 年排放量为 64.6 万吨。尾矿利用率为零，处置率为 100%。

13　锦丰烂泥沟金矿

13.1　矿山基本情况

锦丰烂泥沟金矿为露天-地下联合开采金矿的大型矿山，无共伴生矿产。矿区位于贵州省黔西南州贞丰县，地处贞丰、册亨、望谟三县交界处，距贞丰县城南东 34km，距册亨县城北东 21km。矿区向北 12km 有简易公路可接贞丰至望谟公路。矿区往南距望安高速公路册亨入口约 34km，经册亨、安龙至省会贵阳，高速公路里程为 360km，距兴义机场 120km。矿区距南（宁）-昆（明）铁路线上的册亨站 38km，交通较为方便。矿山开发利用简表见表 13-1。

表 13-1　锦丰烂泥沟金矿开发利用简表

基本情况	矿山名称	锦丰烂泥沟金矿	地理位置	贵州省黔西南州贞丰县
	矿山特征	第一批国家级绿色矿山	矿床工业类型	卡林型金矿床
地质资源	开采矿种	金矿	地质储量/kg	101507
	矿石工业类型	岩金矿石	地质品位/g·t^{-1}	4.02
开采情况	矿山规模	120 万吨/年，大型	开采方式	露天-地下联合开采
	开拓方式	露天部分采用公路运输开拓，地采部分采用斜坡道开拓	主要采矿方法	组合台阶采矿法、上向分层充填采矿法
	采出矿石量/万吨	130.88	出矿品位/g·t^{-1}	3.772
	废石产生量/万吨	1549	开采回采率/%	98.49
	贫化率/%	11.40	开采深度/m	750～-250（标高）
	剥采比/t·t^{-1}	24	掘采比/米·万吨$^{-1}$	36.9
选矿情况	选矿厂规模	120 万吨/年	选矿回收率/%	86.61
	主要选矿方法	一段粗碎，半自磨+球磨，浮选—细菌氧化—氰化浸出工艺		
	入选矿石量/万吨	147.08	原矿品位/g·t^{-1}	4.03
	合质金产量/kg	5136	合质金品位/%	99.95
	尾矿产生量/万吨	147.08	尾矿品位/g·t^{-1}	0.46
综合利用情况	综合利用率/%	85.29	废石处置方式	排土场堆存
	废石利用率/%	8.91	尾矿处置方式	回填和尾矿库堆存
	废水利用率/%	82	尾矿利用率/%	4.70

13.2 地质资源

13.2.1 矿床地质特征

13.2.1.1 地质特征

矿区西侧主要出露二叠纪浅水台地相碳酸盐岩，主要有二叠系中统栖霞组、茅口组，上统吴家坪组。矿区东侧广泛出露中三叠世安尼期拉丁期浅水槽盆相和深水槽盆相之类复理石建造，主要有三叠系中统新苑组、许满组、尼罗组、边阳组等，具浊积岩特征，是区内重要赋金层位，最厚达800余米。

烂泥沟金矿矿体受断裂破碎带控制，矿区内以强大的北西向构造占主导地位，矿床（区）级北西向构造有烂泥沟向斜及其北侧的林坛背斜，两者呈南北向的反"多"字形排列，其间发育有F3、F5、F14等数条大致平行展布的轴向高角度挤压逆冲断层，挤压断裂破碎带，走向长2000~5000m，倾向北东，倾角45°~85°，断裂带宽数米至四十余米，此为本区最重要的控矿断裂构造。矿区西部近南北向断层包括F1、F7、F9等，东倾、倾角35°~80°，走向长1~10km，甚至更大，为控矿构造，有小规模金矿体赋存其中。矿区中部有北东向断裂如F2、F10等，规模甚小，走向长400~1000m，倾向多变，该组断裂若单独出现时只有弱矿化，若与北西向断裂交切时，在断裂交汇部位常有富厚矿柱产出。

13.2.1.2 矿石特征

矿区矿石自然类型以原生矿为主，氧化矿现已基本采空。原生矿矿石物质组分较复杂，黄铁矿、毒砂等金属硫化物较多，矿石呈深灰色、灰色、黑色，矿石较坚硬，矿石中金以包裹金为主，矿石工艺类型为含砷贫硫化物难选冶矿石。

矿石矿物中，非金属矿物占总量的96.11%，主要有石英、黏土矿物、方解石、白云石、长石、白云母等。金属矿物主要是金属硫化物，占3.89%，其含量虽少但意义重大，以黄铁矿为主，其次有毒砂等，微细粒自然金主要以包裹金的形式赋存于硫化物中。

矿石结构主要有自形、半自形粒状结构，他形粒状结构，自形、半自形针状结构、包含结构及环带结构等。矿石构造主要有浸染状构造，脉状、网脉、条带状和角砾状构造。

13.2.2 资源储量

矿山矿石金是唯一有用元素，普遍含砷、汞、锑等伴生有害元素，无具有开发利用价值的共伴生矿产，矿石工艺类型为含砷贫硫化物难选冶矿石。矿山累计查明资源储量25257kt，平均品位为4.02g/t，其中工业矿石量达23425kt，平均品位为4.19g/t。

13.3 开采情况

13.3.1 矿山采矿基本情况

锦丰烂泥沟金矿为露天-地下联合开采的大型矿山，露天部分采用公路运输开拓，地采部分采用斜坡道开拓，使用的采矿方法为组合台阶采矿法、上向分层充填采矿法。矿山设计年生产能力 120 万吨，设计开采回采率为 95%，设计贫化率为 10%，设计出矿品位为 3.99g/t。

13.3.2 矿山实际生产情况

2013 年，矿山实际出矿量为 130.88 万吨，排放废石 1549 万吨。矿山开采深度为 750 ~ -250m 标高。具体生产指标见表 13-2。

表 13-2 矿山实际生产指标

采矿量/万吨	开采回采率/%	贫化率/%	出矿品位/g·t⁻¹	掘采比/米·万吨⁻¹	露天剥采比/t·t⁻¹
130.88	98.47	11.40	3.772	36.9	24

13.3.3 采矿技术

13.3.3.1 露天开采工艺

露天开采采用公路运输开拓，组合台阶采矿法开采。主要采剥工艺如下：

（1）穿孔。剥离穿孔选用孔径为 φ165mm 牙轮钻机，采矿穿孔选用孔径为 φ115mm 露天钻机，剥离穿孔台阶爆破采用垂直孔，采矿穿孔台阶爆破采用倾斜钻孔（70°），剥离孔深 11m，采矿孔深 5.85m，采用多排孔布置。

（2）采装。矿石铲装工作选用 1 台 PC750SE-6 型（4m³）液压挖掘机（反铲）作业；废石铲装工作选用 3 台 PC1250-7 型（6.5m³）液压挖掘机（正铲）作业。

（3）运输。原矿运输选用 Komatsu HD605-7 载重 63t 自卸汽车与 Komatsu PC-1250 型（6.7m³，反铲）液压挖掘机匹配合装载运输，直接运至粗碎站。废石运输主要选用 Komatsu HD605-7 载重 63t 自卸汽车与所选 PC1250-7 型（6.7m³，反铲）液压挖掘机配合装载运输，直接运至废石场。

（4）辅助生产设备。选用的辅助生产设备有 ZL-50G 前装机 1 台、CAT D10R 推土机 2 台、TY150A 型推土机 1 台、CAT 16H 型平地机 1 台、SD 150D 型振动式压路机 1 台、TEREX3303-W 型 25t 洒水车 1 台、T815S3 型自卸工具汽车（15t）1 台、JX1021DSJ 型客货两用双排座 3 台。

矿山露天部分主要采矿设备明细见表 13-3。

表 13-3 矿山露天部分主要采矿设备明细表

序 号	设备名称	设备型号	台 数
1	露天钻机	ROC460PC-HF	1
2	牙轮钻机	ROCL8	3
3	液压挖掘机	PC750SE-6	1
4	液压挖掘机	PC1250-7	3
5	自卸汽车	TEREX3307A	6
6	自卸汽车	Komatsu HD605-7	20
7	粒状铵油炸药现场混装车	BCLH-12	2

序号	设备名称	设备型号	台数
8	液压碎石锤（配 PC220-7 型挖掘机）	V1200	2
9	推土机	CAT D10R	2
10	推土机	TY150A	1
11	前装机	ZL-50G	1
12	平地机	CAT 16H	1
13	振动式压路机	SD-150D	1
14	25t 洒水车	TEREX3303-W	2
15	自卸工具汽车（15t）	T815S3	1
16	客货两用双排座	JX1021DSJ	3
合计			50

13.3.3.2 地下开采工艺

地下开采采用斜坡道开拓，上向分层充填采矿法。主要采矿工艺如下：

（1）矿块布置及结构参数。采场分层高度为 5m，每 4 个分层为一个分段，分段高度变为 20m。每三个分段为一个中段，中段高度为 60m。设备 R1700 的最大爬坡能力为 1∶4，为保证设备的行驶安全，分层进路坡度设计为 1∶6，脉外运输巷道距离矿体大于 45m。

（2）采准切割。以盘区为回采单元进行采准切割布置。采切工程有分层进路、切割巷道和装卸矿硐室。在每个盘区中间位置，自分段巷道向矿体方向掘进分层进路通达矿体，进路断面 4500mm×5000mm，通过分层进路，在矿体内从下盘向上盘掘进切割巷道，巷道断面 4500mm×5000mm。分层进路自分段联络道先下掘到达矿体（最大坡度为 17%），而后随逐层采、充并逐层挑顶垫底而形成新的分层进路，以适应每分层回采的要求。每采、充完 4 个分层后重新自分段巷道掘进分层进路。

（3）回采工艺。自切割巷道向盘区两翼实行进路回采。凿岩采用 Jumbo282 型双臂电动液压凿岩台车配 COP1838me 型凿岩机钻水平炮孔，炮孔直径为 45mm，孔深 3.4m。

爆破采用铵油炸药，ANFO 装药车装药，起爆器+塑料导爆管雷管起爆。

爆破通风完毕后，用人工撬除浮石，而后采用铲运机出矿，铲装的矿石直接卸入分段巷道中设置的矿石装卸矿硐室。出矿完毕，对顶板进行锚杆钢筋网支护或者树脂锚杆加喷射混凝土支护，锚杆网度为 1.2m×1.2m，钢筋网度为 100mm×100mm，喷射混凝土的厚度为 50~80mm，回采循环进尺 3.0~3.4m。

在一条进路全部采完后，立即进行充填工作。大部分采矿进路采用胶结充填，在充填之前，必须先进行充填准备。在整个分层的最后一条进路充填之前，还必须先将分层进路挑顶，以挑顶废石自然形成挡墙。对于少量采矿进路，例如仅有一条进路或者整个采区的最后一个进路，可以先用铲运机从装卸矿硐室将废石运入待充填空区，充填至 3m 高，而后进行胶结充填。

新鲜风由安全井或下盘脉外巷用局扇送至回采工作面，清洗工作面后的污风由采场进路—分段巷道—回风巷道—东风井排出地面。矿山地采部分主要采矿设备明细见表 13-4。

表 13-4　矿山地采部分主要采矿设备明细表

序　号	设备名称	型号或规格	数　量
1	凿岩台车	Jumbo282 型	4
2	铲运机	R1700 型铲运机	2
3	装药车	ANFO 型	2
4	多功能服务车	WA380 型	2
合计			10

13.4　选矿情况

13.4.1　选矿厂概况

锦丰烂泥沟金矿选矿厂设计年选矿能力 120 万吨，为大型选矿厂，设计金矿入选品位为 5.38g/t，磨矿细度为 -0.075mm 占 80%。烂泥沟金矿矿石与美国卡林地区的金矿性质非常接近，属于典型的卡林型金矿，矿石属于微细粒浸染型难选冶类型，含砷、碳、汞、锑等有害元素，选冶难度非常大。采用浮选—细菌氧化预处理—炭浸提金选矿工艺生产合质金。矿山 2014 年选矿情况见表 13-5。

表 13-5　烂泥沟金矿选矿情况

年份	入选量 /万吨	入选品位 /g·t^{-1}	选矿回收率 /%	选矿耗水量 /t·t^{-1}	选矿耗新水量 /t·t^{-1}	选矿耗电量 /kW·h·t^{-1}	磨矿介质损耗 /kg·t^{-1}
2014	147.08	4.03	86.61	8.51	0.54	83.46	2.09

13.4.2　选矿工艺流程

在选矿过程中，各个阶段的工艺流程的具体操作如下：

（1）破碎流程。破碎工艺采用一段开路破碎，破碎前通过 150mm 振动条筛筛分，筛下产品与粗碎产品合并进入半自磨机中间堆场。

（2）半自磨、球磨流程。磨矿采用半自磨—球磨两段闭路磨矿，其中半自磨机与直线振动筛构成一段闭路磨矿，球磨机与水力旋流器构成二段闭路磨矿。二次溢流经旋流器进行三次分级。

（3）矿泥浮选流程。三次分级溢流采用一次粗选获得最终精矿，粗选尾矿扫选精矿再磨再选，矿泥浮选尾矿与后面的二段扫选尾矿合并成为最终尾矿。

（4）粗砂浮选。三次分级沉砂进入硫化物浮选，得到的高品位精矿作为最终精矿，低品位精矿进入粗精矿再磨再选，硫化物浮选尾矿进入二段闭路磨矿。二段磨矿分级溢流进入二段一粗一扫浮选流程，粗选精矿与扫选精矿合并进入粗精矿再磨再选。扫选尾矿作为最终尾矿。

（5）粗精矿再磨再选。来自矿泥扫选、粗砂浮选、二段粗选、二段扫选的粗精矿经水力旋流器分级后，沉砂进入球磨机再磨，溢流经一次精选二次扫选得到最终精矿，扫选尾矿返回二段磨矿。

（6）细菌氧化与提金。与生物氧化预处理工艺借助某些浸矿细菌可以氧化金属硫化物的特点，在氰化浸出前对矿石进行预先氧化处理，使被包裹的金裸露出来，以采用炭浸工艺将黄金浸出回收，获得较高的金回收率。

烂泥沟金矿选厂选冶工艺流程如图 13-1 所示。

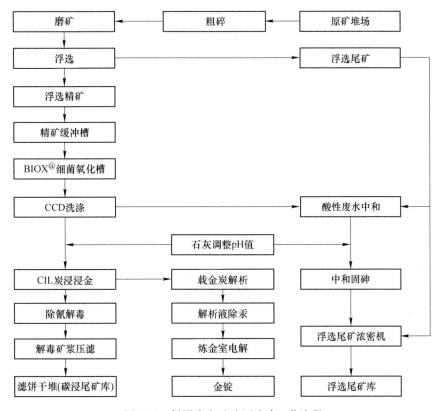

图 13-1　烂泥沟金矿选厂选冶工艺流程

矿山选矿厂主要包括浮选、细菌氧化预处理和炭浸提金选矿三个工序，各选冶工序的选冶设备详见表 13-6 ~ 表 13-8。

表 13-6　矿山选矿厂主要浮选设备

序　号	设备名称	型号或规格	单　位	数　量	电机功率/kW
1	颚式破碎机	PJ1200×1500 型	台	1	160
2	直线振动筛	2ZKK2148	台	1	22
3	半自磨机	$\phi 4.8m \times 7.0m$	台	1	2300
4	球磨机	MQY4870	台	1	2300
5	球磨机	MQY3862	台	1	1250
6	球磨机	MQY3260	台	1	800
7	水力旋流器组	$\phi 660 \times 6$	台	1	
8	水力旋流器组	$\phi 350 \times 8$	台	1	

序　号	设备名称	型号或规格	单　位	数　量	电机功率/kW
9	水力旋流器组	$\phi350×14$	台	1	
10	水力旋流器组	$\phi150×24$	台	1	
11	浮选机	XCF/KYF-40	台	40	75/55
12	高效浓密机	NXZ-15	台	1	7.5

表 13-7　矿山选矿厂主要细菌氧化预处理设备

序　号	设备名称	型号或规格	单　位	数　量
1	一段反应器	$\phi11m×12m$	台	8
2	二段反应器	$\phi11m×12m$	台	8
3	中心转动高效浓密机	$\phi18m$	台	4
4	中和槽	$\phi9m×10m$	台	6
5	板框压滤机	XMZ200/1200	台	2
6	浸出槽	$\phi9m×9.5m$	台	7
7	酸洗柱	$\phi1300×7800$	台	1
8	解吸柱	$\phi1300×7800$	台	1

表 13-8　矿山选矿厂主要炭浸提金设备

序　号	设备名称	型号或规格	单　位	数　量
1	细菌氧化给料储槽	$\phi10×11m$	台	2
2	载金炭储槽	3×3×2	台	1
3	脱金炭储槽	3×3×2	台	1
4	解吸富液储槽	$\phi5m×5m$	台	1
5	电积贫液储槽	$\phi4m×4m$	台	1

13.5　矿产资源综合利用情况

　　锦丰烂泥沟金矿为单一金矿，矿产资源综合利用率为 85.29%，尾矿平均品位（Au）为 0.46g/t。

　　废石集中堆放于排土场，截至 2013 年，废石累计堆存量为 7283 万吨，2013 年排放量为 1549 万吨。废石利用率为 8.91%，处置率为 100%。

　　尾矿集中堆存在尾矿库，截至 2013 年，尾矿累计堆存量为 913 万吨，2013 年排放量为 141.25 万吨。尾矿利用率为 4.70%，处置率为 100%。

14 老寨湾金矿

14.1 矿山基本情况

老寨湾金矿为露天开采金矿的大型矿山，共伴生金属元素有 Ag、Sb、Pb、Zn、Fe 等。矿区位于云南省文山州广南县，距广南县城 20km，国道 323 线位于矿区南侧 12km，西（畴）-西（林）公路从矿区西侧通过。矿区至西（畴）-西（林）公路岔路口有 3km 的简易公路，公路岔口距广南县城 40km，距文山县城 130km，交通方便。矿山开发利用简表详见表 14-1。

表 14-1 老寨湾金矿开发利用简表

基本情况	矿山名称	老寨湾金矿	地理位置	云南省文山州广南县
	矿床工业类型	微细粒金矿床		
地质资源	开采矿种	金矿	地质储量/kg	17110
	矿石工业类型	氧化金矿石	地质品位/$g \cdot t^{-1}$	1.26
开采情况	矿山规模	100 万吨/年，大型	开采方式	露天开采
	开拓方式	公路运输开拓	主要采矿方法	组合台阶采矿法
	采出矿石量/万吨	127.44	出矿品位/$g \cdot t^{-1}$	1.26
	废石产生量/万吨	20	开采回采率/%	94.87
	贫化率/%	10	开采深度/m	1780~1580（标高）
	剥采比/$t \cdot t^{-1}$	0.16		
选矿情况	选矿厂规模	160 万吨/年	选矿回收率/%	73.80
	主要选矿方法	堆浸		
	入选矿石量/万吨	127.44	原矿品位/$g \cdot t^{-1}$	1.26
	合质金产量/kg	1182	合质金产量/%	99.99
	尾矿产生量/万吨	127.44	尾矿品位/$g \cdot t^{-1}$	0.18
综合利用情况	综合利用率/%	70.01	废石处置方式	排土场堆存
	废石利用率/%	86.21	尾矿处置方式	回填和尾矿库堆存
	废水利用率/%	100	尾矿利用率/%	98.08

14.2　地质资源

14.2.1　矿床地质特征

老寨湾金矿成因类型属沉积型后期热液改造微细粒金矿床，矿床工业类型为微细粒金矿床，开采标高为 1780~1580m。矿区由老至新出露地层为上寒武统铜博菜田组，下奥陶统闪片山组（O_1s）、老寨组（O_1l），下泥盆统坡松冲组（D_1ps）、坡脚组（D_1p）、古木组（D_1g）、东岗岭组（D_1dg）。其中，坡松冲组灰色、灰白色、褐黄色薄-中厚层状细粒石英砂岩，为矿区含矿地层。

老寨湾金矿区金矿体主要产于加里东不整合面（D_1ps/O_1s）之上的下泥盆统坡松组（D_1ps^1）硅化砂岩中，少部分产于蚀变辉绿岩及构造角砾岩中。主矿体有四个，分别是 V_3、V_{3-1}、$V_{3-2(1)}$、$V_{3-2(2)}$ 矿体，总体倾向北西 320°，平均倾角 25°。

（1）V_3 矿体。地表分成两段，深部连为一体，南东段地表长 910m，北西段长 226m。矿体呈似层状产出，局部出现膨大、分枝复合现象。矿体出露宽度为 4~250m，倾斜延深大于 1100m，标高 1873.61~1586.00m。平均倾角 25°，平均厚度 17.31m，平均品位为 $1.33×10^{-6}$。

（2）V_{3-1} 矿体。总体分布于 $V_{3-2(2)}$ 矿体之下，产状与 $V_{3-2(2)}$ 相近，地下走向长 1146m，倾斜延深 300m，呈似层状产出，倾角 25°~30°。标高 1750~1430m。平均厚 3.99m，平均品位为 $0.89×10^{-6}$。

（3）$V_{3-2(1)}$ 矿体。地表分成东西两段，东段长近 140m，西段长约 280m。矿体地下沿走向长 260m，最大倾斜延深 455m，呈似层状产出。倾角 20°~30°，平均厚度为 11.52m，平均品位为 $1.99×10^{-6}$。主矿体已于 2012 年 2 月前采空。

（4）$V_{3-2(2)}$ 矿体。分为南西-北东二段。南西段出露地表长 250m，北东段出露地表长 550m。深部长 1172m，倾向最大延伸 420m。矿体呈似层状产出，由于受加里东不整合面影响，随着不整合面上凸下凹。矿体 1773~1423m，平均厚度为 9.68m，平均品位 $0.90×10^{-6}$。

矿石矿物主要有褐（黄）铁矿、辉锑矿、少量毒砂，偶见方铅矿。矿石结构主要有细粒结构、粒状镶嵌变晶结构（变余砂状结构）、隐晶质结构等。矿石构造主要有细粒浸染状、碎裂状构造，其次有脉状构造。矿石自然类型按矿物共生组合划分有：硅化、褐铁矿化石英砂岩金矿石、石英岩金矿石及黏土化、弱褐铁矿化石英砂岩金矿石及辉绿岩金矿石。按矿石结构构造划分有：细粒浸染状金矿石、碎裂（角砾）状金矿石、致密块状金矿石。

矿石工业类型主要为氧化金矿石，占 95%，极少部分硫化矿石，约占 5%。氧化带与原生带划分以矿石的铁物相进行划分确定，矿体均在侵蚀基准面（1540m）以上，除辉绿岩中有零星原生矿外，全为氧化矿石。

14.2.2　资源储量

矿区开采主要矿种为金矿，共伴生金属元素有 Ag、Sb、Pb、Zn、Fe 等，其中有益元素 Ag 最高品位达 $6×10^{-6}$，最低品位为 $0.5×10^{-6}$，平均品位为 $1.29×10^{-6}$，达不到伴生综合评价的要求，其余元素品位低，尚不能利用。金矿矿石工业类型主要为氧化金矿石，矿山累计查明矿石资源储量 13555kt，平均地质品位为 1.26g/t，保有资源储量 785kt，平均地质品位为 1.70g/t。

14.3 开采情况

14.3.1 矿山采矿基本情况

老寨湾金矿为露天开采的大型矿山，采取公路运输开拓，使用的采矿方法为组合台阶采矿法。矿山设计年生产能力 100 万吨，设计开采回采率为 95%，设计贫化率为 8%，设计出矿品位为 1.27g/t。

14.3.2 矿山实际生产情况

2013 年，矿山实际出矿量 127.44 万吨，排放废石 20 万吨。矿山开采深度为 1780~1580m 标高。具体生产指标见表 14-2。

表 14-2　矿山实际生产情况

采矿量/万吨	开采回采率/%	贫化率/%	出矿品位/g·t⁻¹	露天剥采比/t·t⁻¹
127.44	94.87	10	1.26	0.16

14.3.3 采矿技术

矿山为山坡露天开采，直进式公路开拓方式，采矿方法为组合台阶法，自卸汽车运输矿岩。采用纵向缓帮工艺，自矿体顶盘开沟，采矿推进方向由顶盘向底盘推进，剥岩由底盘向顶盘推进。矿山主要采矿设备明细见表 14-3。

表 14-3　矿山主要采矿设备明细

序　　号	设备名称	型号或规格	数　　量
1	推土机	T140	1
2	挖掘机	卡特	1
3	推土机	T160	1
4	移动破碎站	诺德伯格	1
5	破碎机	铁虎牌 PE600×900	1
6	破碎锤	TNB150	1
7	发电机组	100kW	2
8	柴油发电机组	100kW	1
9	柴油发电机	S1110-100kW	1
10	发电机组	50kW	1

序　号	设备名称	型号或规格	数　量
11	发电机	30kW	1
12	发电机组	495	1
13	柴油发电机组	30kW	1
14	发电机	495	1
15	柴油机	STC-10	1
16	吸附塔	中号	26
17	吸附塔	大号	20
18	吸附塔	大号	20
19	吸附塔	大号	12
20	吸附设备（塔）	大号	16
21	电机	37kW	1
22	电动机	15kW	1
23	水泵	12-5012	1
24	水泵	D25-50×10	1
25	多级泵、电柜		1
26	化验室		1
27	供水设备	电机等	1
28	全站仪	R-322	1
29	全电子汽车衡	过磅秤（37）	1
30	皮卡车	云 H20157	1
31	洒水车	东风 EQ1168G7D	1
32	测金仪	SK-810	1
合计			127

14.4　选矿情况

老寨湾金矿采用堆浸法生产。从开始建设生产至今已有 20 多年。2004 年技改扩建后，年处理矿石达 100 万吨。选矿（冶）工艺流程为：入堆—浸出—吸附—解析—熔炼，堆浸工艺流程如图 14-1 所示。熔炼后的产品合质金的成色为 97%～99%。

2011 年，堆浸矿石总量 158.80 万吨，矿石品位 1.08g/t，生产合质金 1207kg，合质金品位 99.99%。2013 年，堆浸矿石总量 127.44 万吨，矿石品位 1.26g/t，生产合质金 1182kg，合质金品位 99.99%。

矿石通过自卸汽车从采场运入，在经过处理的底垫上采用平行前移式分层筑堆，筑堆时加入石灰，然后进行循环洗涤，直至 pH 值达到 10 以上，矿堆碱洗达到要求后即可加入 NaCN 浸出，采用间接喷淋法，将浸出液引向矿堆一角，经管道由泵扬送至贵液池，统一进入吸附作业，共用 φ3.38m×2.5m 吸附槽 5 台，梯级吸附方式，槽间炭输送采用水力喷

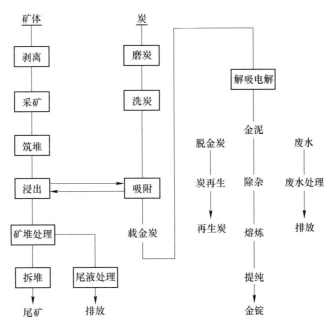

图 14-1 堆浸工艺流程

射泵，最先一槽的载金炭提出后，经提炭筛得到载金炭，送解吸—电解车间提金。

14.5 矿产资源综合利用情况

老寨湾金矿为单一金矿，矿产资源综合利用率为 70.01%，尾矿平均品位（Au）为 0.18g/t。

废石集中堆放于排土场，截至 2013 年，废石累计堆存量 500.19 万吨，2013 年排放量为 20 万吨。废石利用率为 86.21%，处置率为 100%。

尾矿集中堆存在尾矿库，截至 2013 年，尾矿累计堆存量 561.43 万吨，2013 年排放量为 2.44 万吨。尾矿利用率为 98.08%，处置率为 100%。

15　玲珑金矿

15.1　矿山基本情况

玲珑金矿为地下开采金矿的大型矿山，无共伴生矿产。矿区位于山东省烟台市招远市，南距招远市城区 15km，北距龙口市黄城 30km，215 省级公路通过矿区，交通方便。矿山开发利用简表详见表 15-1。

表 15-1　玲珑金矿开发利用简表

基本情况	矿山名称	玲珑金矿	地理位置	山东省烟台市招远市
	矿床工业类型	破碎带蚀变岩型金矿床		
地质资源	开采矿种	金矿	地质储量/kg	85166
	矿石工业类型	低硫化物金矿石	地质品位/g·t^{-1}	6.71
开采情况	矿山规模	102.3 万吨/年，大型	开采方式	地下开采
	开拓方式	竖井-斜井-平硐联合开拓	主要采矿方法	浅孔留矿嗣后充填采矿法
	采出矿石量/万吨	122	出矿品位/g·t^{-1}	2.35
	废石产生量/万吨	57.7	开采回采率/%	96
	贫化率/%	19.2	开采深度/m	648~-800（标高）
	掘采比/米·万吨$^{-1}$	764		
选矿情况	选矿厂规模	102.3 万吨/年	选矿回收率/%	95.23
	主要选矿方法	三段一闭路的破碎，一段闭路磨矿，单一浮选		
	入选矿石量/万吨	135.50	原矿品位/g·t^{-1}	2.48
	金精矿产量/万吨	3.96	精矿品位/g·t^{-1}	82.67
	尾矿产生量/万吨	131.54	尾矿品位/g·t^{-1}	0.12
综合利用情况	综合利用率/%	91.42	废水利用率/%	100
	废石排放强度/t·t^{-1}	14.57	废石处置方式	排土场堆存
	尾矿排放强度/t·t^{-1}	29.97	尾矿处置方式	回填和尾矿库堆存
	废石利用率/%	100	尾矿利用率	0

15.2　地质资源

15.2.1　矿床地质特征

玲珑金矿矿床工业类型为破碎带蚀变岩型金矿床，矿床位于招掖金矿带东部阜山复背斜的北东倾伏部位。矿区内所出露地层范围较小，主要为胶东岩群苗家岩组（Arjm）和新生界第四系山前组（Qs）。玲珑矿区构造以断裂为主且密集程度较高，岩石蚀变及破碎均很强烈，主要受北北东向九曲-蒋家断裂、北东向玲珑断裂（招远-平度断裂北段）和北东东向破头青断裂控制。矿区内岩浆活动频繁而强烈，主要岩体有玲珑型似片麻状黑云母花岗岩、滦家河型中粗粒二长花岗岩和郭家岭型似斑状花岗闪长岩。其中，赋矿围岩主要为玲珑似片麻状黑云母花岗岩。脉岩在矿区内的分布也十分广泛，以中基性脉岩为主。根据各矿脉的空间分布特征与其成因之间的关系，矿区内矿脉可划分成不同的脉群或脉系。

玲珑矿区内主要生产矿脉30余条，主要控制因素为断裂构造控矿，矿体上下盘围岩为玲珑花岗岩。矿体为露天或盲矿体，主要矿体顶部赋存标高为300m左右，底部标高最深已控制至-746m，总体呈脉状，走向一般为45°~75°，倾向北西或南东，倾角一般为50°~80°。

矿体形态复杂，大小不等，厚薄不一。大矿体走向长300~500m，延伸达250~500m，小矿体走向长20~80m。矿体厚度最大可达16m，最薄仅十余厘米。

矿体形态主要为脉状、透镜状、雁行状。矿石类型为含金石英脉和含金蚀变岩型两种。

玲珑矿区的矿石自然类型属于原生矿石。矿石的成因类型为含金石英脉型和含金蚀变岩型。按含黄铁矿含量的多少，又可将石英脉型分为黄铁矿化石英脉及石英黄铁矿脉。按蚀变程度又可将蚀变岩型分为含金黄铁绢英岩、含金黄铁绢英岩化花岗岩、含金黄铁矿化钾化花岗岩。矿石工业类型为低硫化物矿石。属于易选矿石，选冶性能良好。

15.2.2　资源储量

玲珑矿区矿石工业类型为低硫化物矿石，属于易选矿石，选冶性能良好。矿山累计探明金资源储量矿石量为1268.6万吨，金属量为85166kg，平均地质品位为6.71g/t。

15.3　开采情况

15.3.1　矿山采矿基本情况

玲珑金矿为地下开采的大型矿山，采取竖井-斜井-平硐联合开拓，使用的采矿方法为浅孔留矿嗣后充填采矿法。矿山设计年生产能力102.3万吨，设计开采回采率为85%，设计贫化率为25%，设计出矿品位为3.2g/t。

15.3.2　矿山实际生产情况

2013年，矿山实际出矿量达122万吨，排放废石57.7万吨。矿山开采深度为648~-800m标高。具体生产指标见表15-2。

表15-2　矿山实际生产情况

采矿量/万吨	开采回采率/%	贫化率/%	出矿品位/g·t^{-1}	掘采比/米·万吨$^{-1}$
98.58	96	19.2	2.35	764

15.3.3　采矿技术

矿山开拓系统简述如下：

（1）提升、运输。各中段的矿石经溜井集中后由大开头-270m盲竖井与技措井接力提升至206m水平，经206m平硐进选厂地表矿仓。西部各中段的废石经溜井集中后，由大开头-270m盲竖井与技措井接力提升至255m水平进大开头废石场。东部各中段的废石经溜井集中后由九曲-70m盲竖井与九曲东竖井接力提升至280m水平进九曲废石场。东、西部人员、材料分别经九曲东竖井、九曲-70m盲竖井和大开头技措井、大开头-270m盲竖井进出、上下。

（2）排水。在东、西两翼分别设置排水系统。即在九曲-70m盲竖井-420m、-800m中段车场设置泵房、水仓，东部涌水由-430m、-800m泵房接力排至-70m中段，后由上部排水系统排出。在大开头-270m盲竖井-520m、-800m中段车场设置泵房、水仓，西部涌水由-430m、-800m泵房接力排至-270m中段，后由上部排水系统排出。

（3）供水。采取分区供水方式供水。井下东、西用水分别由高位水池经敷设在九曲-70m盲竖井、大开头-270m盲竖井井筒内的供水管路输送至各中段掌子面、采场。

（4）供风。采取分区供风方式供风，分别在九曲-70m中段、大开头-270m中段设空压机站。

采矿方法：采用浅孔留矿法。

开采顺序：中段间自上而下回采，中段内自下而上回采，矿脉实行后退式回采。

15.4　选矿情况

15.4.1　选矿厂概况

玲珑金矿选矿厂设计年选矿能力为102.3万吨，设计主矿种入选品位为3g/t，最大入磨粒度为15mm，磨矿细度为-0.074mm占50%。选矿厂采用三段一闭路破碎，一段闭路磨矿，单一浮选工艺。选矿产品为金精矿，金品位为82.67g/t。

该矿山2011年、2013年选矿情况见表15-3。选矿工艺流程如图15-1所示。

表 15-3　玲珑金矿选矿情况

年份	入选量 /万吨	入选品位 /g·t⁻¹	选矿回收率 /%	耗水量 /t·t⁻¹	耗新水量 /t·t⁻¹	耗电量 /kW·h·t⁻¹	介质损耗 /kg·t⁻¹
2011	122	2.34	94.44	3	1.6	14	0.8
2013	135.5	2.48	95.23	3	1.6	14	0.8

15.4.2　选矿工艺流程

15.4.2.1　碎矿工艺

破碎工艺采用三段一闭路工艺流程，主要设备为粗碎PEF600×900颚式破碎机、中碎

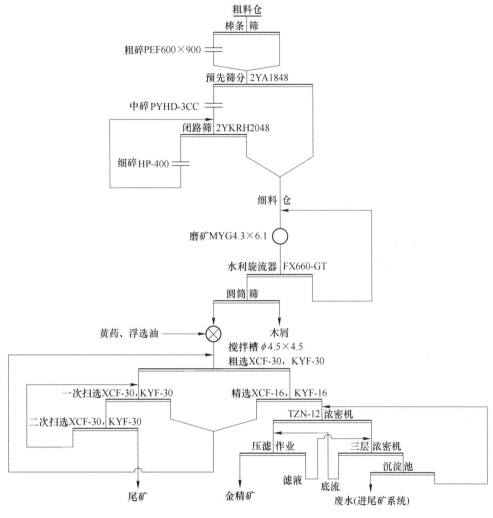

图 15-1 工艺流程

PYHD-3CC 圆锥破碎机、细碎 HP400 圆锥破碎机、预选筛和 2YA1800×4800 圆振动筛，其筛孔尺寸为 16mm×16mm、检查筛为 2YKRH20×48 重型圆振动筛，上层筛筛孔尺寸为 24mm×24mm，下层筛筛孔尺寸为 15mm×18mm。碎矿最终产品的粒度 P_{80} 为 11mm。

15.4.2.2 磨选流程

磨矿分级采用 1 台 MQY4361 溢流型球磨机和 2 台 ϕ660 旋流器构成一段闭路磨矿，磨矿细度为 -0.074mm 占 50%±3%。

分选流程采用一粗——一精—二扫的单一浮选流程。浮选原矿品位为 2.5g/t，精矿品位为 82.67g/t，尾矿品位为 0.12g/t，浮选回收率为 95.32%。浮选设备粗选为 1 台 XCF-30 和 2 台 KYF-30 浮选机、一次扫选为 1 台 XCF-30 和 3 台 KYF-30 浮选机、二次扫选为 1 台 XCF-30 和 1 台 KYF-30 浮选机、精选为 1 台 XCF-16 和 1 台 KYF-16 浮选机。

金精矿脱水采用 TZN-12 浓密机、2 台 KAZGF180/1500-U 箱式压滤机。最终产品为含水小于 20% 的金精矿。

15.5　矿产资源综合利用情况

玲珑金矿为单一金矿，矿产资源综合利用率为 91.42%，尾矿平均品位（Au）为 0.11g/t。

废石集中堆放于排土场，截至 2013 年，废石累计堆存量达 3.5 万吨，2013 年排放量为 57.7 万吨。废石利用率为 100%，处置率为 100%。

尾矿集中堆存在尾矿库，截至 2013 年，尾矿累计堆存量为 1486 万吨，2013 年排放量为 118.68 万吨。尾矿利用率为零，处置率为 100%。

16 玲南金矿五矿区

16.1 矿山基本情况

玲南金矿五矿区为地下开采金矿的大型矿山，伴生有银、硫。矿区位于山东省烟台市招远市，距招远市约15km，交通方便。矿山开发利用简表详见表16-1。

表16-1 玲南金矿五矿区开发利用简表

基本情况	矿山名称	玲南金矿五矿区	地理位置	山东省烟台市招远市
	矿床工业类型	破碎带蚀变岩型金矿床		
地质资源	开采矿种	金矿	地质储量/kg	77511.87
	矿石工业类型	低硫金矿石	地质品位/$g \cdot t^{-1}$	3.07
开采情况	矿山规模	26.4万吨/年，大型	开采方式	地下开采
	开拓方式	竖井开拓	主要采矿方法	上向分层充填采矿法
	采出矿石量/万吨	65.07	出矿品位/$g \cdot t^{-1}$	1.93
	废石产生量/万吨	6.33	开采回采率/%	90.25
	贫化率/%	9.61	开采深度	-620m
	掘采比/米·万吨$^{-1}$	113.17		
选矿情况	选矿厂规模	280.5万吨/年	选矿回收率/%	95.85
	主要选矿方法	三段一闭路破碎，一段闭路磨矿，单一浮选		
	入选矿石量/万吨	254.88	原矿品位/$g \cdot t^{-1}$	1.45
	金精矿产量/万吨	8.69	精矿品位/$g \cdot t^{-1}$	40.76
	尾矿产生量/万吨	246.18	尾矿品位/$g \cdot t^{-1}$	0.08
综合利用情况	综合利用率/%	86.64	废水利用率/%	75
	废石排放强度/$t \cdot t^{-1}$	0.72	废石处置方式	建筑石料
	尾矿排放强度/$t \cdot t^{-1}$	28.32	尾矿处置方式	回填和尾矿库堆存
	废石利用率/%	100	尾矿利用率/%	99

16.2 地质资源

16.2.1 矿床地质特征

16.2.1.1 地质特征

玲南金矿五矿区矿床类型为破碎带蚀变岩型金矿床，矿石工业类型为低硫金矿石，矿区主要开采矿种为金矿。沿着片麻状黑云母混合花岗岩和中粗粒黑云母重熔花岗岩接触带附近发育的破头青断裂构造带是玲南金矿床的主要构造，该断裂带在玲珑金矿田中与另一条大断裂即玲珑断裂相交，从而决定了矿田及矿床的构造格架。在矿床范围内，破头青断裂带走向为北东 40°~70°，倾向南东，倾角为 40°~50°，地表呈宽达 80~300 m 的断裂破碎带，垂向控制深度大于 1000m。破碎带内糜棱岩、碎粒岩、碎斑岩、叶理、挤压片理、次级断裂、节理及构造透镜体极为发育。

16.2.1.2　矿石特征

A　矿物

矿石中主要矿物为金矿物、黄铁矿。金矿物以中低成色为主。各成矿阶段间金矿物成色变化较大，成矿阶段由早到晚，金的成色由高变低。而各成矿阶段内金矿物成色变化较小。其形态以粒状为主，枝杈状次之，脉状、柱状、片状少量。金矿物粒度以微粒级为主，其次是细粒级，其赋存状态以晶隙金为主，裂隙金次之，包体金少量。晶隙金主要赋存于黄铁矿晶隙中，其次是石英晶隙中。裂隙金主要赋存于黄铁矿裂隙中。自然金常与黄铁矿、石英共生，银金矿常与黄铁矿、石英、黄铜矿、方铅矿、闪锌矿共生。

黄铁矿是最主要的金属矿物，在蚀变带和矿石中广泛分布，是该矿床最主要的载金矿物。黄铁矿石英阶段的黄铁矿主要以自形晶出现，少数半自形晶，呈亮黄白色，粒状，粒径为 0.35~8mm，呈集合体团块状分布。裂纹发育，具压碎结构，其裂纹被黄铜矿、闪锌矿、方铅矿充填，构成填隙结构。被后阶段的热液脉体穿切。金石英黄铁矿阶段的黄铁矿，半自形，粒状，颗粒较粗，多为 0.5~1mm。具裂纹，呈脉状或网脉状沿裂隙分布。金石英多金属硫化物阶段的黄铁矿，自形-半自形，断面呈规则的多边形，粒状，粒径为 0.06~0.4mm。常包含在闪锌矿、磁黄铁矿内，或被溶蚀呈残余状、浸蚀状构造。呈浸染状、脉状、网脉状分布。

银石英多金属硫化物阶段的黄铁矿，自形，细粒状，颗粒粒径为 0.007~0.05mm，被闪锌矿、方铅矿、石英包裹。常呈细脉状分布。

B　结构、构造

矿石的结构主要为晶粒状结构，其次为压碎结构、填隙结构、浸蚀结构、乳滴结构、包含结构及假象结构。（1）晶粒状结构：按黄铁矿等硫化物的自形程度可分为自形晶粒状结构、半自形晶粒状结构及他形晶粒状结构，矿石中的金属矿物主要由粗-中粒自形、半自形晶组成。（2）压碎结构：由矿石中粗粒黄铁矿受力破碎而成，将原粒状外形分割成许多碎块。（3）填隙结构：矿石中闪锌矿、方铅矿、黄铜矿等以单体或集合体充填于黄铁矿、石英裂隙或晶隙中。（4）交代结构与交代残余结构：黄铁矿被闪锌矿、方铅矿、黄铜矿交代形成交代结构，交代强烈者形成交代残余结构。（5）浸蚀结构：黄铁矿被黄铜矿、方铅矿、闪锌矿、磁黄铁矿、银金矿等交代，交代矿物呈不规则状分布于黄铁矿内或边部。（6）假象结构：黄铁矿被褐铁矿取代，但仍保留黄铁矿外形。（7）乳滴结构：闪锌矿晶体内有呈乳滴状的黄铜矿分布。

矿石的构造主要有细脉浸染状构造、浸染状构造、细脉或网脉状构造，其次为斑点状构造、团块状构造。（1）细脉浸染状构造：金属硫化物呈细脉状和星散状分布。（2）细脉状或网脉状构造：金属矿物呈集合体沿裂隙充填，形成细脉或网脉状。（3）交错脉状构造：铅锌细脉穿切黄铁矿细脉或石英碳酸盐脉。（4）团块状构造：黄铁矿呈较大的不规则状集合体分布。（5）斑点状构造：黄铁矿呈不规则集合体状和星散状分布于脉石矿物中。

16.2.2　资源储量

玲南金矿主矿种为 Au，矿石工业类型为低硫金矿石，矿床伴生的有用组分主要为 Ag、S 两种元素，矿山累计查明金矿石量 25226408t，金属量 77511.87kg，平均地质品位 3.07g/t；伴生银矿石量 25226408t，金属量 198385.19kg，平均地质品位 8.03g/t；伴生硫矿石量 19102749t，纯硫量 483605t。

16.3　开采情况

16.3.1　矿山采矿基本情况

玲南金矿五矿区为地下开采的大型矿山，采取竖井开拓，使用的采矿方法为上向分层充填采矿法。矿山设计年生产能力 26.4 万吨，设计开采回采率为 88%，设计贫化率为 15%，设计出矿品位为 2.91g/t。

16.3.2　矿山实际生产情况

2013 年，矿山实际出矿量为 65.07 万吨，排放废石 6.33 万吨。具体生产指标见表 16-2。

表 16-2　矿山实际生产情况

采矿量/万吨	开采回采率/%	贫化率/%	出矿品位/g·t^{-1}	掘采比/米·万吨$^{-1}$
56.9	90.25	13.8	1.93	113.17

16.3.3　采矿技术

玲南矿区开采方式为地下开采、采矿方法为上向分层充填采矿法，采矿设备为凿岩台车（凿岩台车型号及数量：Boomerk41x 型 2 台、DF10-1B 型 3 台、阿特拉斯 Boomer281 型 2 台）、铲运机出矿、电机车运输、箕斗提升。

16.4　选矿情况

16.4.1　选矿厂概况

玲南金矿五矿区选矿厂为玲南选矿厂，设计生产规模为 8500t/d，年入选石量 230 万吨，属亚洲最大选金厂。玲南选矿厂主要加工玲南金矿五矿区、罗山金矿四矿区、罗山金矿庙㔍矿区和阜山金矿东风矿区产出的矿石，并加工部分外部矿石。

玲南选矿厂前身是罗峰金矿选矿厂，最初设计规模是 50t/d，1985 年扩建为 300t/d，1991 年二期扩建为 600t/d，1998 年扩建为 3000t/d，共两个磨浮系列，1999 年投入生产。

2004 年公司根据矿区生产及矿石储量等情况，新建三系列磨机、浮选，实际能力达 8500t/d。选矿厂现采用三段一闭路破碎、一段闭路磨矿、一粗两扫（两个系列）、一粗四扫（一个系列）选别流程，选矿工艺流程如图 16-1 所示。

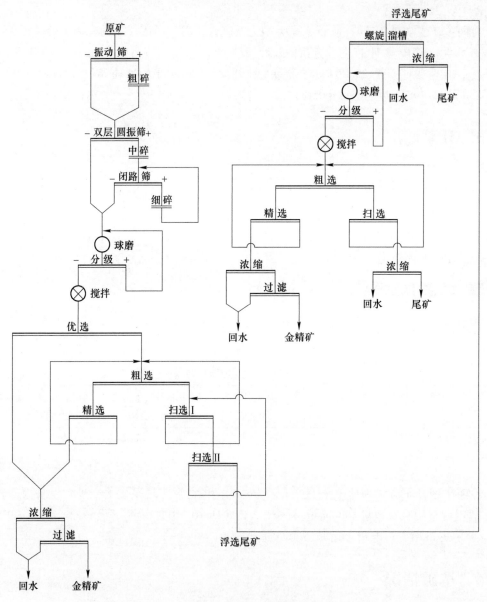

图 16-1　选矿工艺流程

16.4.2　选矿工艺流程

16.4.2.1　破碎筛分流程

采用二段一闭路流程。原矿仓中矿石经过振动给矿机给入到 C110 和 PE900×1200 破碎机进行粗碎，破碎后的产品经 2YK2150 圆振筛预前筛分，筛下产品运到球磨机粉矿仓；

筛上产品给入到 HP400 圆锥破碎机进行中碎。中碎产品经过 2YAH2460 圆振筛进行闭路筛分，筛下产品运到球磨机粉矿仓；筛上产品经 HP500 圆锥破碎机进行细碎，细碎产品与中碎产品一同返回闭路筛分。

16.4.2.2 磨矿分级

磨浮工段共分为三个系列，其中一、二系列分别由 1 台 MQG3236 和 1 台 MQG2130 球磨机构成；三系列由 2 台 MQG3236 和 1 台 MQG2130 球磨机构成。一、二系列浮选分别由 8 台 KYF-16 浮选机组成，其中 3 台用于粗选，3 台用于一次扫选，2 台用于二次扫选；三系列浮选由 13 台 KYF-16 浮选机组成，其中 2 台用于粗选，3 台用于一次扫选，3 台用于二次扫选，3 台用于三次扫选，2 台用于四次扫选。

矿石经过球磨机磨矿后，利用分级机分级，沉砂返回球磨机中形成闭路磨矿；分级机溢流产品在搅拌槽中加入浮选药剂充分搅拌后，进入浮选作业。粗选产品作为最终产品，经过泵运送至浓缩机进行浓缩，再通过 TC-80 陶瓷过滤机得到最终金精矿，滤出的水返回车间再利用，浮选尾矿经螺旋溜槽分级再处理。螺旋溜槽粗矿粒进入 MQG2140 球磨机与分级机构成的闭路磨矿系统再磨，溢流产品加入浮选药剂充分搅拌后，进入二段浮选。二段浮选系列一共由 8 台 KYF-8 浮选机组成，其中 3 台用于粗选，1 台用于精选，4 台用于一次扫选。浮选精矿浓缩后再通过 XMZ120 压滤机压滤得到精矿。浮选尾矿经泵运送到 24m 浓缩单层处理；螺旋溜槽分级出的细矿自流到 24m 浓缩单层中进行浓缩，再通过尾矿输送车间内的玛尔斯泵，将一部分尾矿输送到井下供充填使用，一部分尾矿输送到尾矿库堆积。选矿厂主要设备型号及数量见表 16-3。

表 16-3 主要选矿设备

序号	名称	型号	数量/台	工序
1	破碎机	PE900×1200	1	粗碎
2	破碎机	C110	1	粗碎
3	破碎机	HP400	1	细碎
4	破碎机	HP500	1	中碎
5	破碎机	PYHD-5C	1	中碎停用
6	圆振筛	2YK2150	1	预前筛分
7	圆振筛	2YAH2460	1	闭路筛分
8	球磨机	MQG3236	4	磨矿
9	球磨机	MQG2130	3	磨矿
10	球磨机	MQG2140	1	磨矿
11	分级机	2FG-2400	4	分级
12	分级机	2FG-1500	1	分级
13	分级机	FG-2000	2	分级
14	分级机	FLG-2400	1	分级
15	浮选机	KYF-8	8 个	浮选
16	浮选机	KYF-16	29 个	浮选

序号	名称	型号	数量/台	工序
17	浮选机	KYF-4	9个	浮选
18	螺旋溜槽	BL-1500	3	重选
19	压滤机	XMZ240	2	
20	压滤机	XMZ120	1	
21	过滤机	TC-80	1	

16.5　矿产资源综合利用情况

玲南金矿五矿区主矿产为金，伴生有银、硫，伴生矿物在浮选金精矿中统一回收，矿产资源综合利用率为 86.64%，尾矿平均品位（Au）为 0.08g/t。

截至 2013 年，废石累计堆存量为零，2013 年排放量为 6.3 万吨。废石利用率为 100%，处置率为 100%。

尾矿集中堆存在尾矿库，截至 2013 年，尾矿累计堆存量为 1800 万吨，2013 年排放量为 246.14 万吨。尾矿利用率为 99%，处置率为 100%。

17 罗山金矿四矿区

17.1 矿山基本情况

罗山金矿四矿区为地下开采金矿的大型矿山,伴生矿产主要为银矿。矿区位于山东省招远市,距招远市约15km,北侧连接威(海)-乌(海)高速公路,东侧连接同(江)-三(亚)高速公路,招(远)-黄(城)公路从矿区西侧通过,北距龙口港40km,东距烟台港110km,南距莱阳火车站90km,交通便利。矿山开发利用简表详见表17-1。

表 17-1 罗山金矿四矿区开发利用简表

基本情况	矿山名称	罗山金矿四矿区	地理位置	山东省招远市
	矿床工业类型	破碎带蚀变岩型金矿床		
地质资源	开采矿种	金矿	地质储量/kg	51447
	矿石工业类型	低硫金矿石	地质品位/g·t^{-1}	3.59
开采情况	矿山规模	19.8万吨/年,大型	开采方式	地下开采
	开拓方式	斜坡道开拓	主要采矿方法	上向分层充填法
	采出矿石量/万吨	57.40	出矿品位/g·t^{-1}	3.18
	废石产生量/万吨	16.59	开采回采率/%	91.36
	贫化率/%	8.12	开采深度/m	434~-730(标高)
	掘采比/米·万吨$^{-1}$	108.04		
综合利用情况	综合利用率/%	87.84	废石处置方式	建筑石料
	废石利用率/%	100	废水利用率/%	80

17.2 地质资源

17.2.1 矿床地质特征

17.2.1.1 地质特征

罗山金矿矿床工业类型为破碎带蚀变岩型金矿床,矿床规模为大型。矿床位于胶北隆起区,区域构造活动不甚强烈。区内地层为第四系全新统,均为第四系松散堆积物。岩性为砂质黏土、砂及砂卵石。主要分布于山前坡地、现代河流两侧一级阶地、现代河流的河床及河漫滩分布。

区内构造以断裂为主，主要有破头青断裂、玲珑断裂及其派生次级断裂，前者为矿前断裂，后者为矿后断裂。主干断裂属于招（远）-平（度）断裂带的北东段，矿区范围内称破头青断裂，为区内最主要的控矿断裂，横贯全区，区内南西自高家村西，北东至九曲村西，全长 5km 以上。

成矿期由于应力场的变化，断裂不同区段所受应力状态亦不同。矿区内 11~50 线主断裂处于引张状态，有利于矿液聚集、充填。矿床内蚀变带相当发育，达 40 余条，规模大小不一，但其延伸方向均为北东向。金矿床严格受蚀变带制约。矿床规模最大，在成矿上起着主导作用的为破头青蚀变带，即区内 171 号脉。

该蚀变带矿床内长 3120m，宽 40~360m，平均宽 160m，走向 30°~75°，平均走向55°，倾向南东，倾角 27°~49°，平均倾角 40°。沿走向、倾向均呈舒缓波状。

破头青蚀变带上下盘各分布有近 20 余条规模不一与主干断裂大致平行的次级断裂蚀变带，下盘小蚀变带局部赋存有小的金矿体。上盘小蚀变带金矿化微弱。

破头顶矿段为破头青断裂蚀变带（171 号脉）的一部分，采矿权范围内长约 1280m，宽 40~360m，平均宽 160m，走向 30°~75°，平均走向 55°，倾向南东，倾角 27°~49°，平均倾角 40°。沿走向、倾向均呈舒缓波状。金矿体主要赋存在断裂蚀变带主裂面下盘发育的黄铁绢英岩化碎裂岩和黄铁绢英岩化碎裂状花岗岩中。矿床类型属交代-重熔岩浆期后中低温热液充填、交代蚀变岩型金矿床（焦家式金矿床）。

矿区范围内共发现圈定矿体 8 个，编号为 1 号、46~52 号，其中 1 号为主矿体，其他矿体规模较小。

1 号矿体主要赋存于主裂面之下 0~50m 范围内的黄铁绢英岩质碎裂岩带内，局部延至黄铁绢英岩化花岗质碎裂岩带内，呈脉状、似层状，平均走向为 54°，倾向南东，平均倾角在 40°左右。矿体长 500m，斜深 1079m，赋存标高+170~-680m，仍未封闭，沿走向、倾向呈舒缓波状，具分枝复合、尖灭再现、膨胀夹缩特征。组成 1 号矿体的矿石主要为黄铁绢英岩质碎裂岩及黄铁绢英岩化花岗质碎裂岩。黄铁矿呈脉状、网脉状、团块状及星散状形态产出。

其他 7 个小矿体规模均较小，长 30~88m，倾向延伸 50~518m，厚度为 0.71~9.35m，金品位为 1.04×10^{-6}~2.65×10^{-6}。矿体呈脉状或透镜状，具分枝、复合、尖灭、再现特征。

17.2.1.2　矿石特征

矿石矿物成分较简单，主要有黄铁矿，其次为闪锌矿、方铅矿等。脉石矿物主要为石英、绢云母、长石等。

金矿物的形态及赋存状态以粒状为主，枝杈状次之，叶片状、长角粒状、麦粒状少量。

黄铁矿是最主要的矿石矿物，在蚀变岩和矿石中广泛分布，是本矿床最主要的载金矿物，与黄铁矿有关的金占 70%。

石英是矿石中主要的脉石矿物，成矿过程中始终有石英产出。成矿前石英多为白色，呈较大的自形板柱状晶体，具强波状消光，油脂光泽，常与粗晶黄铁矿构成脉状或交代碎裂矿物颗粒。成矿期的石英多为灰白-灰色，呈半自形柱状、粒状，具玻璃光泽，颜色较暗，晶胞参数较小，热发光为双峰型，且峰值较大。常与金属硫化物构成脉状或网脉状，沿裂隙充填。

绢云母均呈鳞片状、羽毛状、不规则状集合体或细脉沿岩石、矿物裂隙分布或交代长石产出。

矿石的结构主要为晶粒状结构,其次为压碎结构、填隙结构、浸蚀结构及假象结构等。

矿石构造主要有细脉浸染状构造、细脉状或网脉状构造、交错脉状构造、团块状构造。

矿区矿石类型主要有浸染状、细脉浸染状黄铁绢英化碎裂岩型矿石、细脉状、细脉浸染状黄铁绢英岩化花岗质碎裂矿石以及细脉状黄铁绢英岩化花岗岩型矿石三种类型。

17.2.2 资源储量

矿区主要开采矿种为金矿,开采规模为大型,矿石工业类型属低硫型金矿石,矿山累计查明资源储量矿石量14348097t,金金属量51447kg,金平均地质品位3.59g/t。伴生有益组分银可以综合回收利用,其余伴生有益组分铜、铅、锌、硫含量低,达不到综合回收利用标准,银主要分布在银金矿、金银矿中,累计查明伴生银矿石量14348097t,银金属量69.01t,平均品位4.81×10^{-6}。

17.3 开采情况

17.3.1 矿山采矿基本情况

罗山金矿四矿区为地下开采的大型矿山,采取斜坡道开拓,使用的采矿方法为上向分层充填法。矿山设计年生产能力19.8万吨,设计开采回采率为88%,设计贫化率为15%,设计出矿品位2.89g/t。

17.3.2 矿山实际生产情况

2013年,矿山实际出矿量为57.40万吨,排放废石16.59万吨。矿山开采深度为434~-730m标高。具体生产指标见表17-2。

表 17-2 矿山实际生产情况

采矿量/万吨	开采回采率/%	贫化率/%	出矿品位/g·t^{-1}	掘采比/米·万吨$^{-1}$
52.74	91.36	8.12	3.18	180.04

17.3.3 采矿技术

矿区开拓方式为竖井开拓,现有主竖井、一号井作为提升竖井,西风井、二号井作为通风及充填井。主竖井采用多绳摩擦轮提升,采矿方法上向进路充填采矿法。

采矿工艺中采用浅孔凿岩爆破,矿体中较薄的岩石夹层难以剔除,是造成矿石贫化的主要原因,另外,矿体形态不规则和局部顶底板破碎也是回采中废石混入的因素。

17.4　选矿情况

　　罗山金矿四矿区生产的所有矿石均通过汽车运输到玲南选矿厂统一进行处理,详见玲南金矿五矿区选矿情况。

17.5　矿产资源综合利用情况

　　罗山金矿四矿区主矿产为金,伴生有银、硫,伴生矿物在浮选金精矿中统一回收,矿产资源综合利用率为 87.84%,尾矿平均品位(Au)为 0.08g/t。

　　截至 2013 年,废石累计堆存量为零,2013 年排放量为 16.59 万吨。废石利用率为 100%,处置率为 100%。

18 那苏-斗月金矿

18.1 矿山基本情况

那苏-斗月金矿为露天开采金矿的小型矿山，伴生矿产主要为辉锑矿。矿区位于云南省文山州广南县，距广南县城 68km，矿区有约 3km 自修公路与者兔乡至者太乡乡村公路 21km 处连接，距文山市 159km，距开远火车站 256km，距昆明 460km，区内已村村通电、通路，交通便利。矿山开发利用简表详见表 18-1。

表 18-1 那苏-斗月金矿开发利用简表

基本情况	矿山名称	那苏-斗月金矿	地理位置	云南省文山州广南县
	矿床工业类型	破碎蚀变岩型金矿床		
地质资源	开采矿种	金矿	地质储量/kg	17530
	矿石工业类型	氧化金矿石	地质品位/g·t^{-1}	1.29
开采情况	矿山规模	5 万吨/年，小型	开采方式	露天开采
	开拓方式	公路运输开拓	主要采矿方法	组合台阶法
	采出矿石量/万吨	53.1	出矿品位/g·t^{-1}	0.824
	废石产生量	0	开采回采率/%	95
	贫化率/%	14.68	开采深度/m	1780~1700（标高）
	剥采比	0		
选矿情况	选矿厂规模	5 万吨/年	选矿回收率/%	84.94
	主要选矿方法	堆浸		
	入选矿石量/万吨	53.10	原矿品位/g·t^{-1}	0.824
	合质金产量/kg	370	合质金品位/%	99.99
	尾矿产生量/万吨	53.10	尾矿品位/g·t^{-1}	0.12
综合利用情况	综合利用率/%	80.69	尾矿处置方式	尾矿库堆存
	尾矿利用率	0		

18.2　地质资源

18.2.1　矿床地质特征

那苏-斗月金矿矿床工业类型为破碎蚀变岩型金矿床，矿床开采标高为 1780~1700m，矿区主要出露中泥盆统-中三叠统地层，由老至新为：中泥盆统东岗岭组（D_2d）、上泥盆统榴江组（D_3l）、下石炭统坝达组（C_1b）、中石炭统威宁组（C_2w）、上石炭统马平组（C_3m）、下二叠统栖霞组（P_1q）和茅口组（P_1m）、上二叠统那梭组（P_2n）和者浪组（P_2z）、下三叠统罗楼组（T_1l）和龙丈组（$T_{11}n$）、中三叠统板纳组（T_2b）和兰木组（T_2l）。其中，上二叠统者浪组（P_2z）是矿区主要含矿地层，岩性为灰黄、深灰、灰绿色薄至中层状硅质岩、沉凝灰岩夹生物碎屑泥晶灰岩。矿区整体为一背斜构造，轴向北西-南东。主要发育北西向断层。矿区范围仅出露晚二叠世玄武岩组（$P_2\beta$），呈层状、似层状产于下二叠统灰岩、硅质岩中。其岩浆分异程度相对较高，火山活动强烈，多岩相、多岩类的产出对成矿有利。矿区围岩蚀变有硅化、黄（褐）铁矿化及黏土化。

矿区主要有 4 个工业金矿体，分别为新厂 V_1、那苏 V_2 矿体、迪梦 V_5 矿体和奎补龙 V_6 矿体。

新厂 V_1 矿体：呈层状-似层状产出，露头长 510m，地表倾角 15°~66°，深部倾角 4°~24°，总体倾角 15°。矿体厚度 6.82~12.08m，平均厚度 8.04m。矿体平均品位 1.38g/t，矿石为氧化矿石。

那苏 V_2 矿体：呈层状-似层状产出，长 160m，地表倾角 28°~37°，深部倾角 24°~28°，总体倾角 28°。矿体厚度 8.65~9.76m，平均厚度 9.08m。矿体平均品位 0.92g/t，矿石为氧化矿石。

迪梦 V_5 矿体：呈层状-似层状产出，长 1172m，斜深 320m，矿体厚度为 3.72~23.11m，平均厚度为 16.66m。矿体平均品位 1.36g/t。

奎补龙 V_6 矿体：呈层状-似层状产出，长 912.34m，斜深 292.26m，倾角 5°~25°。矿体厚度为 3.30~20.69m，平均厚度为 13.67m，矿体平均品位 1.51g/t。

矿石自然类型按矿石氧化程度分：主要为氧化矿，偶见混合矿。按矿石结构、构造分：细粒、细脉浸染状金矿石，碎裂状、角砾状金矿石金矿石。按矿石矿物共生组合分：硅化、褐（黄）铁矿、毒砂矿化碎裂凝灰岩金矿石，硅化、褐（黄）铁矿、毒砂矿化硅质岩金矿石，硅化、褐（黄）铁矿、毒砂矿化角砾状玄武岩金矿石。按成因分：成因类型为火山-沉积-改造型的破碎带蚀变岩型。

18.2.2　资源储量

矿区主要为金矿，矿石工业类型为微细粒浸染状矿石类型，矿区范围内累计查明资源储量为 13592kt，金属量为 17530kg，平均地质品位为 1.29 g/t。局部伴生辉锑矿，含量仅 145.63×10^{-6} ~ 3044.70×10^{-6}，平均含量为 938.40×10^{-6}，在矿化带内，偶见含量大于 50% 的辉锑矿小透镜，多呈薄膜状产出、少量星点浸染状产出，多被氧化。辉锑矿品位低，价值小，尚无利用价值。

18.3 开采情况

18.3.1 矿山采矿基本情况

那苏-斗月金矿为露天开采的小型矿山,采取公路运输开拓,使用的采矿方法为组合台阶法。矿山设计年生产能力5万吨,设计开采回采率为95%,设计贫化率为5%,设计出矿品位4g/t。

18.3.2 矿山实际生产情况

2012年矿山实际出矿量为53.10万吨,无废石排放。矿山开采深度为1780~1700m标高。具体生产指标见表18-2。

表18-2 矿山实际生产情况

采矿量/万吨	开采回采率/%	贫化率/%	出矿品位/g·t^{-1}	掘采比/米·万吨$^{-1}$
55.89	95	14.68	0.824	119.4

18.3.3 采矿技术

矿山为山坡露天开采,采用直进式公路开拓方式,组合式台阶采矿法,沿走向布置工作面缓帮作业的采剥工艺,台阶高度为10m,"潜孔钻穿孔—液压铲铲装—汽车运输""纵向缓帮采剥"的采剥工艺。采场主要设备具体见表18-3。

表18-3 矿山主要采矿设备明细

序号	设备名称	型号或规格	数量
1	潜孔钻机	KY-100	2
2	液压铲	ZAXIS230	2
3	矿用自卸车	7t	4
4	推土机	TY120	3
5	轮式装载机	ZL-50	1
6	红岩洒水车	8t	1
合计			20

18.4 选矿情况

那苏-斗月金矿石为微细粒浸染型,氧化程度高,矿石浸出效果较好,矿石为易选、可浸矿石。目前,矿山采用堆浸法生产合质金,工艺流程为:采矿—入堆氰化—炭吸附—解析—熔炼—合质金,入堆品位达到0.45g/t以上,浸出率可达到80%以上。选冶金工艺流程如图18-1所示。

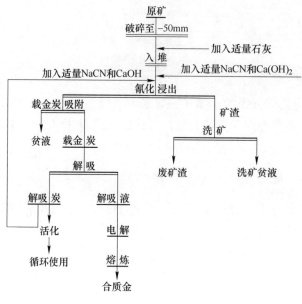

图 18-1　选冶工艺流程

2013 年，堆浸矿石量 53.10 万吨，原矿品位 0.70g/t，生产合质金 370kg，品位 99.99%。矿山选冶情况见表 18-4。

表 18-4　矿山选冶情况

年份	堆浸矿石量/万吨	原矿品位/%	合质金/kg	合质金品位/%
2011	195.84	0.45	744.2	99.99
2013	53.10	0.824	370	99.99

工艺流程主要由堆浸场地的修筑、喷淋喷出、含金贵液中金的回收等几部分组成。堆浸场地整理成左、右、后三侧高，上面铺设 1 层 30cm 薄砂或软质细土，振实后铺设 3 层塑料布（2 层彩条布，1 层白塑料布）作为防渗层和导流系统，将经过颚式破碎机粉碎后的矿石或直接入堆的矿石均匀撒放在塑料布上形成矿石堆，在矿石堆上布设管子和喷头，将贫液池内配好的氰化钠水溶液喷洒至矿石堆上，浸出液在矿石堆下面汇集，利用场地的高差直接流入注入贵液池再进入炭罐中吸附，形成载金炭，剩余贫液流入贫液池里补充氰化钠和碱液后再打入矿石堆上，一直循环此过程，直到堆浸结束。

18.5　矿产资源综合利用情况

那苏-斗月金矿为单一金矿，矿产资源综合利用率为 80.89%，尾矿平均品位（Au）为 0.12g/t。

尾矿集中堆存在尾矿库，2013 年排放量为 53.10 万吨。尾矿利用率为零，处置率为 100%。

19　排山楼金矿

19.1　矿山基本情况

排山楼金矿为露天-地下联合开采金矿的大型矿山，伴生金属元素有 Ag、Cu、Pb、Zn 等，但含量低，无综合利用价值。矿山始建于 1996 年 8 月 6 日，于 1997 年 7 月 1 日投产。矿区位于辽宁省阜新市阜新蒙古族自治县，直距阜新市 18km，交通方便。矿山开发利用简表详见表 19-1。

表 19-1　排山楼金矿开发利用简表

基本情况	矿山名称	排山楼金矿	地理位置	辽宁省阜新市阜新蒙古族自治县
	矿山特征	第二批国家级绿色矿山	矿床工业类型	同韧性剪切带变生热液型金矿床
地质资源	开采矿种	金矿	地质储量/kg	29864.02
	矿石工业类型	贫硫化物糜棱岩型金矿石	地质品位/g·t^{-1}	2.39
开采情况	矿山规模	43.8 万吨/年，大型	开采方式	露天-地下联合开采
	开拓方式	竖井开拓	主要采矿方法	阶段矿房法
	采出矿石量/万吨	44.96	出矿品位/g·t^{-1}	1.44
	废石产生量	0	开采回采率/%	93.1
	贫化率/%	5.58	开采深度/m	465~18（标高）
	掘采比/米·万吨$^{-1}$	270		
选矿情况	选矿厂规模	100 万吨/年	选矿回收率/%	85.56
	主要选矿方法	三段一闭路破碎，两段两闭路磨矿，全泥氰化炭浆提金		
	入选矿石量/万吨	44.96	原矿品位/g·t^{-1}	1.44
	合质金产量/kg	554.2	合质金品位/%	99.95
	尾矿产生量/万吨	44.96	尾矿品位/g·t^{-1}	0.15
综合利用情况	综合利用率/%	79.65	废水利用率/%	100
	废石利用率/%	100	尾矿处置方式	尾矿库堆存
	废石处置方式	充填	尾矿利用率	0

19.2　地质资源

19.2.1　矿床地质特征

19.2.1.1　地质特征

排山楼金矿矿床工业类型为同韧性剪切带变生热液型金矿床，矿体赋存于太古界建平群中，受东西向展布的上排山楼-侯其营子大型韧性剪切带控制。金矿带由黄铁矿-绢云母化蚀变糜棱岩带组成，长度大于 1000m，宽 20~80m，倾斜延深大于 1000m。金矿带的地质产状与糜棱岩带产状一致，走向东西、北倾、总体倾角 40°左右，二者界线不清，呈渐变过渡关系。矿化带沿走向、倾向均呈舒缓波状，具膨、缩现象，其倾角上陡下缓，上部倾角为 40°~60°，下部为 10°~30°，走向上表现为两侧较陡、中部略缓的特点。金矿体均分布于金矿化带内，矿体属于稳固矿岩，围岩属于稳固岩石。

矿床开采范围内有 3 条主要矿体，编号为 T1、T4、T8。

T1 矿体：矿体走向长度为 201m，倾角平均为 50°，平均厚度为 9m，延深为 175m。

T4 矿体：矿体走向长度为 600m，倾角平均为 25°，平均厚度为 19m，延深为 300m。

T8 矿体：矿体走向长度为 200m，倾角平均为 51°，平均厚度为 10m，延深为 176m。

19.2.1.2　矿石特征

矿石矿物组合及含量：矿石矿物主要为黄铁矿、自然金，其次有黄铜矿、磁黄铁矿、钛铁矿、磁铁矿，另有少量方铅矿、闪锌矿、白铁矿、铜蓝、辉铜矿、辉砷镍矿、针镍矿、自然铜、褐铁矿等。其中黄铁矿占金属硫化物总量的 95% 左右。

脉石矿物随矿石自然类型不同而有所差异，其中，蚀变长英质糜棱岩型矿石脉石矿物以石英、长石为主，含量占 70%~80%，白云石等碳酸盐矿物占 15%，另有少量黑云母、绢云母、绿泥石等；蚀变黑云斜长糜棱岩型矿石脉石成分以斜长石、石英、黑云母为主，斜长石、石英含量占 70%~80%，黑云母、绿泥石、绢云母 10%，白云石等碳酸盐矿物占 10%~15%。

矿石结构、构造：矿石结构以半自形、他形粒状结构为主，其次有压碎结构、交代残留结构、包含结构、乳滴结构等。矿石构造主要有浸染状构造、细脉状构造、条带状构造。

矿石类型：按矿石矿物组合特点将本矿床矿石自然类型划分为蚀变长英质糜棱岩型及蚀变黑云斜长糜棱岩型两种。

矿石工业类型属贫硫化物糜棱岩型金矿石。

金矿物特征：本矿床金矿物唯有自然金一种。自然金呈粒状、角粒状、麦粒状、尖角粒状、浑圆状、树枝状、港湾状等，以粒状、角粒状为主。最大粒度为 0.052mm，最小粒度小于 0.01mm，中粒金占 0.82%，细粒金占 18.6%，微粒金占 80.58%，属微细粒金矿。自然金赋存状态主要有三种，即粒间金、裂隙金及包裹金，以前两者为主。

19.2.2　资源储量

矿石有用组分单一，属单金矿石，矿石工业类型属贫硫化物糜棱岩型金矿石。银含量

多在 2×10^{-6} 左右变化，Cu、Pb、Zn 等有益组分含量甚低，无综合利用价值。矿山累计查明金矿资源矿石量为 12502.73kt，金属量为 29864.02kg，矿床平均地质品位 2.39g/t。

19.3 开采情况

19.3.1 矿山采矿基本情况

排山楼金矿为地下开采的大型矿山，采取竖井开拓，使用的采矿方法为阶段矿房法。矿山设计年生产能力 43.8 万吨，设计开采回采率为 92%，设计贫化率为 15%，设计出矿品位为 1.1g/t。

19.3.2 矿山实际生产情况

2013 年，矿山实际出矿量为 44.96 万吨，无废石排放。矿山开采深度为 465~-18m 标高。具体生产指标见表 19-2。

表 19-2　矿山实际生产情况

采矿量/万吨	开采回采率/%	贫化率/%	出矿品位/g·t^{-1}	掘采比/米·万吨$^{-1}$
46.28	93.1	5.58	1.44	270

19.3.3 采矿技术

采用适应缓倾斜中厚矿体下盘边界倾角的倾斜电耙道漏斗底部结构，矿房采用中深孔凿岩，限制空间挤压爆破。使矿石贫化损失、采场生产能力和作业安全三大难题得以解决。

采场沿矿体走向布置，长度为 20~40m。以矿体下盘边界线为切割层界线，相应布置倾斜电耙道、底部结构，切割层漏斗，电耙道顶板的真厚度为 3.5m，电耙道倾角为 14°~15°。采场的斜长度以最大耙运距离为限，一般小于 45m，凿岩巷道采场作业高度 10m 左右（尽量利用已有生产探矿巷道）。在矿房中央（或矿体最厚大部位）布置切割立槽，垂直扇形中深孔崩矿爆破指向切槽。中深孔凿岩爆破参数：孔径 65mm，孔底距 1.8m，抵抗线 1.4m，炸药单耗 0.65kg/t，爆破挤压系数 1.15~1.25。采用 30kW 电耙出矿，平均台效 110 吨/（台·班），每个采场有 2~3 条耙道。从溜矿井往矿车装矿采用振动放矿机。耙道通风由本生产中段入新风，清洗耙道后，污风从上中段排出。

采场回采顺序是先采矿房，矿房采完后立即回采顶柱。采场中遇矿体不连续变成小分支或表外矿时留房间，矿柱一般不留。中段矿体走向回采顺序总体上由东向西推进，东侧风井方向排出污风，但相邻采场为浅孔房柱采矿法采场时，一般中深孔采场先采，浅孔采场后采。矿山主要采矿设备明细见表 19-3。

表 19-3　矿山主要采矿设备明细

序号	设备名称	型号或规格	数量/台
1	电机车	DKT45-100/250	6
2	电机车	ZK3-6/250	8
3	矿车	U 形翻转式 0.7m^3	70

序号	设备名称	型号或规格	数量/台
4	矿车	侧卸 1.6 m³	159
5	耙矿绞车	30kW	34
6	耙矿绞车	15kW	24
7	导轨凿岩机	YGZ-90	11
8	钻机	YT-28	30
9	铲运机	电动 1m³	1
10	振动放矿机	5.5kW	32
11	变压器	3kVA	48
12	装岩机	Z-20W	2
13	装岩机	Z-17AW	8
14	风机	11kW	8
15	风机	5.5kW	2
16	扒渣机	YWB-60	2
合计			445

19.4　选矿情况

19.4.1　选矿厂概况

排山楼金矿选矿厂为选冶炼一体化厂，设计年选矿能力为 100 万吨，设计入选品位 1g/t，选矿厂采用三段一闭路破碎筛分-两段两闭路磨矿-全泥氰化-炭浆提金工艺，日处理量为 2850t。碎矿原矿给矿最大粒度为 650mm，破碎最终产品粒度为 -14mm。最终磨矿产品的粒度为 -0.074mm 占 80%。矿浆经 15m 高效浓密机浓缩后给入 $\phi8m×8.5m$ 双叶轮高效浸出槽进行炭浸，载金炭经高温高压无氰解吸电解后，产出金泥经王水溶浸，然后还原提纯，再经中频炉冶炼、浇铸成 99.9% 的金锭。尾矿经压滤后，滤饼由胶带输送机输送到尾矿库干堆，滤液全部返回磨矿系统循环再利用。

该矿山 2011 年、2013 年选矿情况见表 19-4。

表 19-4　排山楼金矿选矿情况

年份	入选量 /万吨	入选品位 /g·t⁻¹	选矿回收率 /%	选矿耗水量 /t·t⁻¹	选矿耗新水量 /t·t⁻¹	选矿耗电量 /kW·h·t⁻¹	磨矿介质损耗 /kg·t⁻¹
2011	95	1.7	88.24	3	0.2	34.33	0.75
2013	44.96	1.44	85.56	3	0.2	34.45	0.75

19.4.2　选矿工艺流程

磨矿最终产品给入除屑筛除屑后进入高效浓密机，浓密机底流泵至浸出吸附。浸出吸附作业是串联贯通的，矿浆自 1 号槽自流到 10 号槽，活性炭在吸附槽中吸附已溶解的金，10 号槽排出的尾矿为氰化尾矿。新鲜的活性炭或再生以后的活性炭加入 10 号槽，并依次向前与矿浆逆向运动。

解吸电解为高温高压无氰解吸工艺流程。首先将载金炭装入 CTC4000 储炭槽内。在解吸液槽内配制解吸液，解吸液 pH 值不小于 13.5 待用。储炭槽加水，载金炭被输送到 JXZ140560 解吸柱内，把配制好的解吸液注入系统。启动解吸液循环系统，待系统有回流后，启动 DRQ120 加热器，系统温度至 90℃时，启动 DJC2120 电解槽，系统加热并保持温度在 150℃左右，持续 6~8h，结束解吸工作。系统中，载金炭中的金被解吸出，进入溶液中，形成含金贵液，含金贵液通过过滤进入电解槽，进行电解，电解流出的含金尾液通过循环泵回流到解吸柱，使之整个系统含金液循环流动。系统产生的粉炭经水流入压滤机，回收粉炭。

选矿工艺流程如图 19-1 所示，选矿主要设备型号及数量见表 19-5。

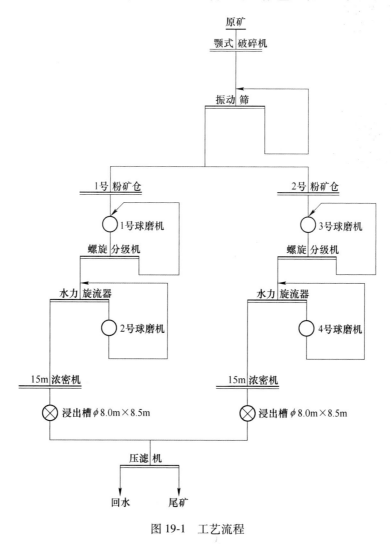

图 19-1 工艺流程

表 19-5　选矿主要设备

序号	设备名称	规格型号	使用数量/台（套）
1	重型板式给矿机	GBZ1750×6000	1
2	颚式破碎机	C120	1
3	圆锥破碎机	HP300	1
4	圆锥破碎机	HP400	1
5	圆振筛	USK2460	1
6	格子型球磨机	MQG3245	1
7	格子型球磨机	MQG3240	1
8	溢流型球磨机	MQY3260	1
9	溢流型球磨机	MQY2740	1
10	水力旋流器	ϕ500	4
11	水力旋流器	ϕ350	6
12	除屑筛	圆筒筛（自制）	2
13	高效浓密机	NX-15 型	2
14	明流式压滤机	XMAY2800/1200 型压滤机	6
15	安全筛	圆筒筛（自制）	2
16	解吸柱	JXZ140×560	2
17	电加热器	DRQ120	2
18	电加热器	GLQ4000	2
19	电加热器	DJC2120	1

19.5　矿产资源综合利用情况

排山楼金矿为单一金矿，矿产资源综合利用率为 79.65%，尾矿平均品位（Au）为 0.15g/t。

截至 2013 年，废石累计堆存量为零，废石利用率为 100%，处置率为 100%。

尾矿集中堆存在尾矿库，截至 2013 年，尾矿累计堆存量为 552 万吨，2013 年排放量为 44.95 万吨。尾矿利用率为零，处置率为 100%。

20 三山岛金矿

20.1 矿山基本情况

三山岛金矿为地下开采金矿的大型矿山，伴生元素有 Ag、Cu、Pb、Zn、S 等。矿区位于山东省烟台市莱州市，东邻山东半岛东西向交通大动脉烟（台）潍（坊）公路 15km，西靠黄金海岸旅游度假区 1km，南距莱州市区 25km，北临国家一级开放口岸百万吨级码头莱州港 0.5km，地理位置优越，水陆交通便利。矿山开发利用简表详见表 20-1。

表 20-1 三山岛金矿开发利用简表

基本情况	矿山名称	三山岛金矿	地理位置	山东省烟台市莱州市
	矿山特征	第一批国家级绿色矿山	矿床工业类型	破碎带蚀变岩型金矿床
地质资源	开采矿种	金矿	地质储量/kg	72766
	矿石工业类型	岩金矿石	地质品位/g·t^{-1}	2.726
开采情况	矿山规模	264 万吨/年，大型	开采方式	地下开采
	开拓方式	竖井-斜坡道联合开拓	主要采矿方法	机械化盘区房柱交替上升充填采矿法和机械化上向水平进路充填采矿法
	采出矿石量/万吨	389	出矿品位/g·t^{-1}	1.84
	废石产生量/万吨	92	开采回采率/%	91.31
	贫化率/%	4.07	开采深度/m	6~-600（标高）
	掘采比/米·万吨$^{-1}$	118		
选矿情况	选矿厂规模	264 万吨/年	选矿回收率/%	94.62
	主要选矿方法	三段一闭路破碎，两段闭路磨矿，单一浮选		
	入选矿石量/万吨	172.4	原矿品位/g·t^{-1}	1.84
	金精矿产量/t	67894	精矿品位/g·t^{-1}	44.60
	尾矿产生量/万吨	165.53	尾矿品位/g·t^{-1}	0.11
综合利用情况	综合利用率/%	83.21	废水利用率/%	100
	废石排放强度/t·t^{-1}	13.55	废石处置方式	建筑石料
	尾矿排放强度/t·t^{-1}	24.38	尾矿处置方式	尾矿库堆存
	废石利用率%	100	尾矿利用率/%	96.97

20.2　地质资源

20.2.1　矿床地质特征

三山岛金矿矿床规模属于大型矿山，矿床类型是破碎带蚀变岩型金矿床。矿区地层主要为与矿床形成有关的新太古代胶东岩群和后期地壳稳定后沉积的第四纪沉积物，其中，胶东岩群岩性主要为长期遭受变质作用形成的黑云斜长片麻岩、黑云变粒岩和黑云片岩。与矿化直接有关的岩体主要为下盘的玲珑型片麻状黑云母花岗岩和郭家岭型似斑状花岗闪长岩，主要出露于矿区西北部小山包和三山岛村海边，由于受构造运动的影响，岩体中有大量伟晶岩及花岗细晶岩脉沿节理贯入。矿区内控矿构造主要为断裂，以北东和北西向为主，前者控制矿体的形成，后者则对已形成矿体进行破坏。如成矿前的北东向三山岛-仓上断裂控制着三山岛金矿床的形成，成矿后的北西向三山岛-三元断裂则对上述金矿体具有水平错动作用，甚至错断早期形成的矿体。矿体两侧围岩蚀变具有分带性，下盘蚀变分带特别明显，沿着主断裂面往矿体下盘方向，围岩蚀变依次为黄铁绢英岩带（矿体）、绢英岩带、钾化花岗岩带和未蚀变花岗岩带。矿石类型分为蚀变岩型和含金石英脉型两 种，目前开采的矿石主要为蚀变岩型，由早-中期热液蚀变形成，发育细网脉状矿化，矿石较破碎，呈浸染状或细脉状结构，为块状构造。其中，石英主要为乳白色-烟灰色；含金石英脉型矿石由中-晚期热液形成，穿插于早期蚀变岩型矿石或围岩中，石英为乳白色-灰白色，整个矿石外观比较纯净。

20.2.1.1　矿石物质成分

金矿物主要为银金矿，次为自然金，少量金银矿，金属矿物主要为黄铁矿，其次有方铅矿、闪锌矿、黄铜矿、毒砂、磁黄铁矿、褐铁矿、磁铁矿等。非金属矿物主要为石英、绢云母和残余长石，其次为碳酸盐类矿物（方解石、白云石、菱铁矿等）。金矿物主要为银金矿，其次为自然金和金银矿。其中黄铁矿占金属矿物总量的90%以上，为金的主要载体，其次为毒砂和石英。矿石中主要有用组分为金，伴生有益组分为银、硫、铜、铅和锌。其中银和硫达到规范规定的综合利用标准。

20.2.1.2　矿石结构构造

常见的矿石结构以晶粒状结构、碎裂为主，其次有填隙、熔蚀、包含、交代残余、交代假象、文象和乳滴状等。矿石构造以浸染状和斑点状为主，其次有脉状、网脉状、交错脉状、角砾状、斑杂状、梳状和蜂窝状等。

20.2.2　资源储量

矿石中主要有用组分为金，矿石工业类型属低硫型矿石。伴生有益组分为银、硫、铜、铅、锌。银平均品位为4.68g/t，硫平均品位为2.2%，铜平均品位为0.05%，铅平均品位为0.2%，锌平均品位为0.03%。三山岛金矿累计查明资源量：金矿石量26789kt，金属量72766kg，平均地质品位2.72g/t。伴生银矿石量26789kt，金属量125t。

20.3 开采情况

20.3.1 矿山采矿基本情况

三山岛金矿为地下开采的大型矿山，采取竖井-斜坡道联合开拓，使用的采矿方法为机械化盘区房柱交替上升充填采矿法和机械化上向水平进路充填采矿法。矿山设计年生产能力 264 万吨，设计开采回采率为 83.5%，设计贫化率为 10.6%，设计出矿品位为 2g/t。

20.3.2 矿山实际生产情况

2013 年，矿山实际出矿量 389 万吨，排放废石 92 万吨。矿山开采深度为 6～-600m 标高。具体生产指标见表 20-2。

表 20-2 矿山实际生产情况

采矿量/万吨	开采回采率/%	贫化率/%	出矿品位/g·t⁻¹	掘采比/米·万吨⁻¹
376	91.31	4.07	1.84	118

20.3.3 采矿技术

20.3.3.1 开拓工程

一期工程采用下盘中央竖井、辅助斜坡道联合开拓方案，有轨运输系统。竖井为混合井，净直径 $\phi 5m$，井深 348.5m（+15m～-333.5m）。10.5t 底侧卸式箕斗与 3600mm×1600mm 双层罐笼互为配重提升，混合井旁有主溜井系统，矿石卸载硐室位于-250m 水平，破碎硐室设于-280m 水平，废石卸载硐室位于-280m 水平。斜坡道断面为 4.8m×3.5m（宽×高），主要用于人员和材料的辅助运输及进风。

坑内通风系统为斜坡道、混合井进风，南北两翼风井出风。

二期工程为深部开拓工程，采用主斜坡道与两翼风井联合开拓，35t 电动卡车运输方式。主斜坡道断面 5.1m×4.1m，平均坡度 10%，矿石由 35t 电动卡车运至-243m 水平一期竖井主溜矿井内。废石用 12t 柴油坑内卡车运输到-280m 水平废石溜井内。与主斜坡道配套的辅助工程有服务斜井和南、北风井。

三期工程正在建设过程中。采用主斜坡道-南北两翼风井联合开拓方式，主斜坡道断面 5.1m×4.1m，电动卡车服务到-600m 水平。三期矿石由电动卡车运输到-243m 水平一期主溜矿井内，经粗碎后由主竖井提升到地表。

20.3.3.2 采矿方法

采矿方法主要为机械化盘区房柱交替上升充填采矿法和机械化上向水平进路充填采矿法。据矿体赋存情况，三山岛金矿对水平厚度较大矿体采用机械化盘区采场交替上升无房柱连续回采尾砂胶结充填采矿法，对水平厚度较小的矿体采用上向水平分层尾砂充填采矿法和上向宽进路尾砂充填采矿法。

机械化盘区采场交替上升无房柱连续回采尾砂胶结充填采矿法盘区结构参数：段高 40m 或 45m，走向长度为 100m 左右，宽度即为矿体水平厚度（一般不小于 25m），盘区之间不留间柱，无底柱，顶柱厚度为 3m；每个盘区沿走向分成宽度为 8~10m 的数个采场，采场长度即为矿体水平厚度。盘区主要技术指标：采矿平均生产能力为 500t/d，损失率为 6%，贫化率为 7%。

上向水平分层尾砂充填采矿法采场结构参数：段高 40m 或 45m，走向 50m 左右，间柱 3m，无底柱，顶柱厚度为 3m；宽度即为矿体水平厚度（一般小于 12m）。水平分层采矿法主要技术指标：采矿平均生产能力为 120t/d，损失率为 5%，贫化率为 6%。

上向宽进路尾砂充填采矿法采场结构参数：段高 40m 或 45m，走向 50m 左右，间柱 3m，无底柱，顶柱厚度为 3m；宽度即为矿体水平厚度（一般小于 25m）。宽进路采矿法主要技术指标：采矿平均生产能力为 80t/d，损失率为 7%，贫化率为 8%。

无轨采出矿主要先进设备为：凿岩作业采用 MERCURY14 或者 Boomer281-D16 单臂式凿岩台车，采场铲装采用 ST-3.5 或者 ST-2D 柴油铲机，采场运搬采用 Asjk-12 或者 MT-413 柴油坑内卡车，采场顶板支护采用 Mercary-B 锚杆台车，坑内无轨运输采用载重 35t 的 K635E 电动卡车或者载重 25t 的沃尔沃，坑内有轨运输采用 14t 架线式电机车牵引 6 m³ 底卸式矿车组运矿。

20.4　选矿情况

20.4.1　选矿厂概况

三山岛金矿选矿厂设计年选矿能力为 66 万吨，设计主矿种入选品位为 2.98g/t，最大入磨粒度为 18mm，磨矿细度为 -0.074mm 占 80%~82%。破碎流程采用二段一闭路破碎，磨矿流程采用两段两闭路流程，选矿为全泥氰化+炭浆工艺流程，选矿产品为合质金，金品位为 83%。选矿工艺流程如图 20-1 所示。

20.4.2　选矿工艺流程

20.4.2.1　破碎筛分流程

破碎采用三段一闭路破碎工艺。第一段破碎在井下，采用 1 台 C110 颚式破碎机。中细碎在井上，分别采用 1 台 HP300 圆锥破碎机和 1 台 HP4 超细碎圆锥破碎机，中碎及细碎前分别采用 2YAH1536 双层圆振动筛及 2YAH2460 双层圆振动筛进行预先筛分和检查筛分。

20.4.2.2　磨浮工艺流程

磨浮流程采用两段闭路磨矿工艺流程，一段磨矿分级流程分两个系列，每系列采用 1 台 MQG5585 格子型磨机和 1 台 FLGφ2.0m 双螺旋分级机构成闭路磨矿。分级机溢流经 φ710mm 旋流器分级，沉砂进入 2 台 MQY2736 溢流型磨机构成闭路磨矿，旋流器分级溢流进入粗选作业，粗选尾矿进入扫选作业，扫选尾矿一部分泵至充填搅拌站供井下充填，一部分给入砂泵站泵送尾矿库。浮选精矿进入精选作业经过两次精选得出最终浮选金精矿。

20.4.2.3　浓缩脱水系统工艺流程

采用浓缩+过滤两段脱水流程。金精矿经 1 台 φ30m 普通浓缩机浓缩后，再经高效节

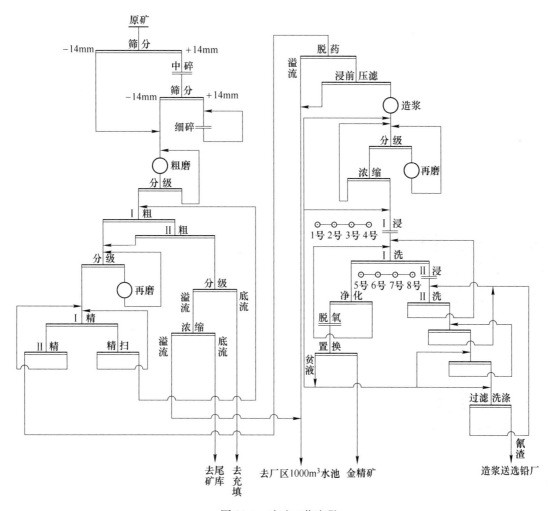

图 20-1　选矿工艺流程

能快开式压滤机过滤后得精矿滤饼，精矿含水量不大于 10%，然后由卡车外运至焦家黄金
精炼厂进行后序加工。主要选矿设备见表 20-3。

表 20-3　主要选矿设备

序号	设备名称	设备型号	单机功率/kW	数量/台	作业
1	颚式破碎机	C110	160	1	地表粗碎
2	标准圆锥破碎机	HP500	400	2	中碎
3	高压辊磨机	$\phi1.4m \times 1.1m$	560	1	细碎
4	球磨机	MQY5585	4500	1	磨矿
5	浮选机	KYF-160	160	1	优先浮选
6	浮选柱	FCSMC-5000×8000	280	3	粗选
7	浮选柱	FSCMC-4400×7000	160	2	精选
8	浮选机	KYF-160	160	4	扫选

20.4.3　选矿新技术、新设备应用

为达到"多碎少磨"及节能降耗的目的，三山岛金矿 8000t/d 选矿厂中细碎选用 2 台标准型圆锥破碎机 HP500 和 1 台高压辊磨机。

20.4.3.1　HP500 圆锥破碎机的应用

HP500 圆锥破碎机处理量大，节能降耗。与同直径普通短头圆锥破碎机的产量相比，处理量增加 3~4 倍。同时实现了多碎少磨，在挤满给料的情况下，靠矿石之间的相互挤压破碎矿石，实现了"料层粉碎"，充分利用能量，提高了破碎效率，实现节能降耗。

破碎比大，单机能力达 800t/h，在最大给料粒度 250mm，排料粒度可达 30~60mm，破碎比大。

20.4.3.2　高压辊磨机（RP140/110）的应用

目前三山岛金矿破碎产品粒度可以达到 $P_{80} = 10mm$，破碎产品为 $-0.074mm$ 可达到 18.5%，达到多碎少磨的目的。通过高压层压原理，可在破碎产品中产生裂缝，有效提高球磨机处理能力，达到多碎少磨的目的。高压辊磨机用于细碎开路破碎，使设备配置简化，进一步降低了功耗。

20.4.3.3　黄金矿山最大型球磨机在 8000t/d 选矿厂的应用

实现了大型球磨机在黄金矿山的应用，新建的辊压机+球磨机联合粉磨系统投产至今，各设备基本发挥效能，先后实现短期顺利达产，实现了高产、降耗的目的。MQY5585m 球磨机目前台时最大处理量达 417t，磨矿细度为 $-0.074mm$ 占 56.3%。

20.4.3.4　旋流静态微泡浮选柱（FSCMC）在粗、精选中的应用

实验及现场生产指标表明：浮选机在捕收较粗颗粒方面具有一定的优势，但对微细颗粒的浮选效果比较差，浮选的选择性相对于浮选柱较低，也是造成现场浮选机精矿品位比较低的主要原因。浮选柱在捕收微细颗粒方面具有明显的优势，具有良好的选择性，但对较粗颗粒的捕收能力较差。因此，采用机柱联合的流程，可以充分发挥浮选机和浮选柱的优势，可以取得更好的分选指标，不但可提高浮选回收率，还提高精矿品位。

20.4.3.5　大型浮选机的应用

KYF-160 型充气机械搅拌式浮选机，单槽容积 160m³，是当时国内单槽容积最大的浮选机。KYF-160 型浮选机的工业应用标志着我国的大型浮选设备研究不仅在容积上赶上了国外水平，而且在性能上达到了国际先进水平。

KYF-160 型充气机械搅拌式浮选机在 8000t/d 选矿厂应用表明：

（1）KYF-160 型浮选机性能优异，搅拌力强，矿浆流向稳定，液面平稳，没有翻花，槽内没有死区，没有矿浆沉积现象，槽内矿粒分布均匀，深槽取样无分层现象，短时间停车后能够满负荷正常启动，空气分散均匀，气量可以调节，泡沫层厚度可根据需要调节，液位自动控制系统控制精度高，满足工艺要求。

（2）KYF-160 型浮选机具有良好的工艺性能和力学性能，其性能达到了大型浮选机的先进水平，满足大型选矿厂的生产要求。

（3）KYF-160 型浮选机备品备件数量减少，操作和维修方便，极大地节约了设备运行成本和维护成本，浮选机具有显著的节能降耗效果。

20.4.3.6 选矿自动化控制新技术系统在 8000t/d 选矿厂的应用

为了保证选矿系统安全、经济运行，系统各环节设有控制的运行参数以及相应的调节机构，组成若干相对独立的局部控制系统，例如：磨矿分级的给矿量、给水量、旋流器的给矿浓度、给矿压力以及浮选系统的自动加药、浮选槽液位等控制系统。

三山岛金矿 8000t/d 选矿厂建立了一套三电一体化综合自动化系统，实现选矿生产过程集中操作和自动控制、生产信息化管理，达到节能减排、提高劳动效率、稳定生产指标的目的。

20.5 矿产资源综合利用情况

三山岛金矿主矿产为金，伴生有银、硫，伴生矿物在浮选金精矿中统一回收，矿产资源综合利用率为 83.21%，尾矿平均品位（Au）为 0.11g/t。

截至 2013 年，废石累计堆存量为零，2013 年废石排放量 92 万吨，废石利用率为 100%，处置率为 100%。

尾矿集中堆存在尾矿库，截至 2013 年，尾矿累计堆存量为 1119.05 万吨，2013 年排放量为 165.53 万吨。尾矿利用率为 96.97%，处置率为 100%。

21　遂 昌 金 矿

21.1　矿山基本情况

遂昌金矿为地下开采金矿的中型矿山，伴生矿产主要为银矿。矿区位于浙江省丽水市遂昌县，距遂昌县城 14km，距浙赣铁路龙游站 70km，均有公路相通，交通较为方便。矿山开发利用简表详见表 21-1。

表 21-1　遂昌金矿开发利用简表

基本情况	矿山名称	遂昌金矿	地理位置	浙江省丽水市遂昌县
	矿山特征	第二批国家级绿色矿山	矿床工业类型	石英脉型金矿床
地质资源	开采矿种	金矿	地质储量/kg	22820.270
	矿石工业类型	岩金矿石	地质品位/g·t^{-1}	11.37
开采情况	矿山规模	9.18 万吨/年，中型	开采方式	地下开采
	开拓方式	平硐-盲竖井联合开拓	主要采矿方法	浅孔留矿法
	采出矿石量/万吨	1.65	出矿品位/g·t^{-1}	19.56
	贫化率/%	17.47	开采回采率/%	100
选矿情况	选矿厂规模	9.18 万吨/年	选矿回收率/%	96.84
	主要选矿方法	全泥氰化		
	入选矿石量/万吨	3.5	原矿品位/g·t^{-1}	19.56
	合质金产量/kg	673.516	合质金品位	
	尾矿产生量/万吨	3.5	尾矿品位/g·t^{-1}	0.21
综合利用情况	综合利用率/%	94.75	废石处置方式	堆存和建筑石料
	废石利用率/%	100	尾矿处置方式	尾矿库堆存
	废水利用率/%	76	尾矿利用率	0

21.2　地质资源

21.2.1　矿床地质特征

遂昌金矿矿床工业类型为石英脉型，矿区的金银矿体基本上属于韧性剪切带内部变质分异的硅化析离体，沿着剪切带滑移裂隙带分布，严格受近东西向和南北向剪切带控制。

矿体主要特征是硅化矿体形态不规则，常呈蠕虫状或透镜状，不具备平直的顶底板面，边界不清楚，多呈渐变过渡型边界。因为矿体为变质分异的硅化析离体，所以最主要的载金矿物是石英，其次为金属硫化物。矿床成因类型为蚀变硅化脉型。主要矿体有Ⅳ-4、Ⅳ-5、Ⅴ-1、Ⅴ-2、Ⅴ-3。Ⅳ号矿体位于 F1 以东，Ⅴ号矿体位于 F1 以西。矿体长度为 225~190m，矿体厚度为 3.7~4.46m，矿体和围岩稳定性好，水文条件简单。自然金银系列矿物的产状主要有：（1）在脉石矿物（石英）中呈各种不规则状态，如脉状、树枝状等；（2）与黄铁矿（常见）、闪锌矿、方铅矿、黄铁矿密切伴生并交代；（3）在黄铁矿（常见）和其他硫化物中呈各种形态的次生包体；（4）在黄铁矿周边呈薄的镶边并向黄铁矿内部支出呈细脉或港湾；（5）与第 1 矿化阶段的碲化物和第 2 矿化阶段的硫盐类矿物密切共生。自然金银系列矿物的颗粒大小不一，绝大多数小于 1mm。

21.2.2　资源储量

遂昌金矿主要开采矿种为金，伴生矿种为银，主要矿石类型为石英脉型，矿山累计查明矿石量 2007.31kt，金金属量 22820.270kg，平均地质品位 11.37g/t；银金属量 501.06t，平均地质品位 249.62g/t。

21.3　开采情况

21.3.1　矿山采矿基本情况

遂昌金矿为地下开采的中型矿山，采取平硐-盲竖井联合开拓，使用的采矿方法为浅孔留矿法。矿山设计年生产能力 9.18 万吨，设计开采回采率为 80%，设计贫化率为 22%，设计出矿品位 10.18g/t。

21.3.2　矿山实际生产情况

2013 年，矿山实际出矿量为 1.65 万吨，具体生产指标见表 21-2。

表 21-2　矿山实际生产情况

采矿量/万吨	开采回采率/%	贫化率/%	出矿品位/g·t⁻¹	掘采比/米·万吨⁻¹
3.51	100	17.47	19.56	—

21.4　选矿情况

21.4.1　选矿厂概况

遂昌金矿选矿厂矿山设计年选矿能力 9.18 万吨，设计主矿种入选品位为 11.32g/t。1980 年达到 100t/d 规模，采用浮选工艺，浮选工艺流程如图 21-1 所示。1986 年建成 300t/d 规模的采选联合系统，1990 年配套完善了氰化炼金系统，采用浮选—金精矿氰化的生产工艺，金精矿氰化采用再磨—浸前浓缩—两浸两洗—氰渣压滤—锌粉置换工艺流程，置换金泥送冶炼工段炼金，置换贫液部分返回，部分处理达标后外排，原工艺流程如图 21-2 所示。2003 年 7 月将金矿原浮选—氰化工艺改为全泥氰化工艺，采用两段一闭路碎矿—两段磨矿—氰化浸出—锌粉置换—氰化尾矿干堆—贫液返回的全泥氰化工艺，全氰化工艺流程如图 21-3 所示。矿山主要产品为成品金、成品银。

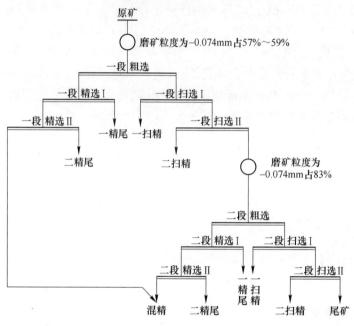

图 21-1　浮选工艺流程

21.4.2　选矿新技术新设备应用

21.4.2.1　艾砂磨机工业试验

遂昌金矿选冶车间采用传统的二段球磨作业，包括 1 台 1500mm×3000mm 的球磨机和 1 台 150mm 旋流器组成的闭路，处理来自一段螺旋分级机的溢流产品。受二段磨矿效率的影响，氰化尾渣金品位高达 0.35g/t、银品位 13.17g/t。生产数据表明，减小二段磨矿细度可降低尾渣金、银品位。为此，遂昌金矿在选冶车间二段磨矿中进行了艾砂磨机工业试验，并取得了较好的技术经济效果。采用艾砂磨机开路磨矿替代原二段球磨闭路磨矿，其磨矿产品 -0.074mm 的含量从 75% 提高到 95%，氰化尾渣金品位从 0.35g/t 降低到 0.12g/t，银品位从 13.17g/t 降低到 7.4g/t，指标较好，经济效益显著。

21.4.2.2　陶瓷过滤机滤饼洗涤技术与尾矿干堆

在全泥氰化生产技术改造后，针对遂昌金矿氰化厂采用传统浓密洗涤—过滤脱水联合工艺中出现的浓密洗涤不彻底，排液金、银品位高，导致部分金属流失的情况，通过在过滤尾矿的陶瓷过滤机上新增一套洗涤装置，使其具有脱水和洗涤的双重功能，利用流程中补加水和贫液作为洗涤水，有效地回收了金、银及氰化钠，金综合回收率提高了 6%，氰尾中的氰化钠从 500g/t 消减到 150g/t，基本实现了废水零排放。该工艺经过近 10 年的运行，干堆场安全、稳定，有效地节省了尾矿库库容，有效地控制了尾矿中 CN⁻ 的外排，具有较好的经济效益和环保效益。

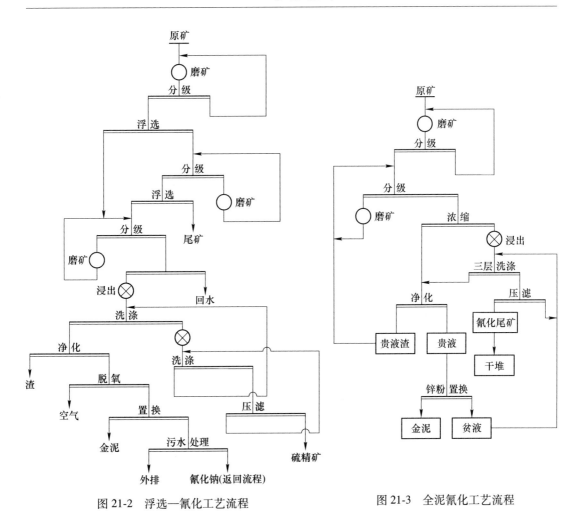

图 21-2　浮选—氰化工艺流程　　　　　　　　图 21-3　全泥氰化工艺流程

21.5　矿产资源综合利用情况

遂昌金矿主矿产为金，伴生有银，矿产资源综合利用率为 94.75%，尾矿平均品位（Au）为 0.21g/t。

截至 2013 年，废石累计堆存量为 159 万吨，2013 年废石排放量为 3 万吨，废石利用率为 100%，处置率为 100%。

尾矿集中堆存在尾矿库，截至 2013 年，尾矿累计堆存量为 325 万吨，2013 年排放量为 3.5 万吨。尾矿利用率为零，处置率为 100%。

22　太 白 金 矿

22.1　矿山基本情况

太白金矿是集采、选、冶、水力发电、矿山设备制造于一体的大型黄金生产企业，是我国黄金矿山低品位矿石开采利用的典型代表，素有"秦岭明珠"的美称。矿山主要开采矿种为金矿，采用地下开采，无共伴生矿产。矿山成立于 1988 年 4 月。矿区位于陕西省宝鸡市太白县，距太白县城约 60km，距宝鸡市 110km，交通便利。矿山开发利用简表详见表 22-1。

表 22-1　太白黄金开发利用简表

基本情况	矿山名称	太白金矿	地理位置	陕西省宝鸡市太白县
	矿床工业类型	浅成中温渗滤热液充填金矿床		
地质资源	开采矿种	金矿	地质储量/kg	58301
	矿石工业类型	岩金矿石	地质品位/g·t^{-1}	1.51
开采情况	矿山规模	165 万吨/年，大型	开采方式	地下开采
	开拓方式	平硐-竖井联合开拓	主要采矿方法	分段凿岩阶段崩落法和潜孔留矿法
	采出矿石量/万吨	99.6	出矿品位/g·t^{-1}	0.91
	废石产生量/万吨	7.6	开采回采率/%	83.60
	贫化率/%	8.90	开采深度/m	1150
	掘采比/米·万吨$^{-1}$	104		
选矿情况	选矿厂规模	85.8 万吨/年	选矿回收率/%	80.12
	主要选矿方法	三段一闭路破碎—两段闭路磨矿—氰化浸出		
	入选矿石量/万吨	182.6	原矿品位/g·t^{-1}	0.91
	合质金产量/kg	1135.63	尾矿品位/g·t^{-1}	0.18
	尾矿产生量/万吨	178.2		
综合利用情况	综合利用率/%	66.98	废石处置方式	排土场堆存
	废石利用率/%	0	尾矿处置方式	尾矿库堆存
	废水利用率/%	100	尾矿利用率	0

22. 2 地质资源

22. 2. 1 矿床地质特征

太白金矿位于陕西省太白县境内,是南秦岭凤州-商南一带长约400km的泥盆系含金角砾岩带中的典型矿床。含金角砾岩带呈北西西向,赋存于中泥盆统铁白云质、粉砂质绢云板岩、钠长质板岩中。角砾成分主要为石英钠长板岩、粉砂质钠长板岩、铁白云质钠长板岩、钠长绢云板岩等,与围岩成分一致,常具较好的可拼性。砾径自岩屑至数米大的巨角砾不等。胶结物主要为含铁白云石、黄铁矿、方解石、石英等。按野外穿插关系,主要成矿阶段可分为四个,即黄铁矿-钠长石-石英阶段(Ⅰ)、黄铁矿-含铁白云石-低铁白云石、白云石阶段(Ⅱ)、黄铁矿-方解石阶段(Ⅲ)和黄铁矿阶段(Ⅳ)。其次,在成矿后期有萤石-迪开石-方解石阶段(Ⅴ)和石膏-硬石膏阶段(Ⅵ)。自然金主要赋存于Ⅱ、Ⅳ阶段的黄铁矿和含铁白云石中。

太白金矿的矿床属浅成中温渗滤热液充填矿床,矿石属于角砾状钠长岩型富硫化物金矿石;矿石主要呈他形晶粒状结构、碎裂结构、包含结构、裂隙充填结构等;矿石构造主要为块状构造、星散浸染状构造、网脉状构造、角砾状构造等;矿石中金属矿物有黄铁矿、褐铁矿、磁黄铁矿、磁铁矿等;主要非金属矿物为钠长石、含铁白云石、绢云母、方解石;金的主要矿物是自然金,以及极少量碲金矿和铋碲金矿,自然金约占总量的98%。自然金分两种形态产出。第一种形态的自然金包含在黄铁矿中,被黄铁矿石溶蚀呈浑圆状,最大粒径为0.04mm,一般小于0.02mm;第二种形态的自然金多为裂隙金,呈麦粒状、厚板状,或在铁白云石中呈乳滴状,粒径一般为0.02~0.06mm,在铁白云石中的自然金与碲金矿、毒砂共生。自然金与黄铁矿关系最为密切,其次是含铁白云石,金矿物90%以上产于黄铁矿和含铁白云石矿物的各种裂隙中,包裹金很少。

22. 2. 2 资源储量

太白金矿主要开采矿种为金,主要矿石类型为角砾状钠长岩型富硫化物金矿石,矿山累计查明金金属量58301kg,平均地质品位1.51g/t。

22. 3 开采情况

22. 3. 1 矿山采矿基本情况

太白金矿为地下开采的大型矿山,采取平硐-竖井联合开拓,使用的采矿方法为分段凿岩阶段崩落法和潜孔留矿法。矿山设计年生产能力85.8万吨,设计开采回采率为82%,设计贫化率为19%,设计出矿品位为1.59g/t。

22. 3. 2 矿山实际生产情况

2013年,矿山实际出矿量为99.6万吨,排放废石7.6万吨。具体生产指标见表22-2。

表 22-2　矿山实际生产情况

采矿量/万吨	开采回采率/%	贫化率/%	出矿品位/g·t⁻¹	掘采比/米·万吨⁻¹
86.0	83.60	8.90	0.91	104

22.3.3　采矿技术

开采方式：双王矿床整合区内矿体采用地下开采方式；庙沟堆浸废渣采用露天开采方式。

采矿方法：井下开采采用分段凿岩阶段崩落法及浅孔留矿法。采用分段凿岩阶段崩落法时，矿块出矿能力为 300t/d，采矿损失率为 19%，矿石贫化率为 20%。采用浅孔留矿法时，矿块出矿能力为 70t/d，采矿损失率为 15%，矿石贫化率为 15%。综合采矿损失率为 18%，矿石贫化率为 19%。

开采顺序及首采地段：采用自上而下分中段开采，中段内自上盘至下盘、自远而近后退式开采。

22.4　选矿情况

22.4.1　选矿厂概况

太白金矿选矿厂设计年选矿能力为 85.8 万吨，设计入选品位为 1.59g/t，最大入磨粒度为 -10mm，磨矿细度为 -0.074mm 占 70%。采用全泥氰化—炭浆吸附提金工艺生产合质金。2013 年处理矿石 182.6 万吨，入选品位为 0.91g/t，选矿回收率为 80.12%。

22.4.2　选矿新技术改造

22.4.2.1　球磨系统改造

原选矿厂分 3 次建设，为 3 个系列，规模为 700t/d，实际处理能力为 800t/d，设备能力小且运行时间长，维修量大，操作人员多，不利于规模化生产。根据原选矿厂生产现状，拆除Ⅰ系列、Ⅱ系列，保留原Ⅲ系列，新增 1 台 MQG2736 格子型球磨机与Ⅲ系列 MQY2130 再磨机组成新的Ⅰ系列磨矿系统，利用原Ⅲ系列一段 MQG2736 格子型球磨机和 1 台 MQY6230 溢流型球磨机组成新的Ⅱ系列磨矿系统。Ⅰ、Ⅱ系列均具备 900t/d 的生产能力，一选的生产能力达到 1800t/d。

22.4.2.2　破碎系统改造

选矿厂原破碎系统为三段一闭路流程，经多次更新，破碎系统处理能力由 500t/d 提高到 1700t/d，但其辅助生产系统未作任何改动，随着生产规模的不断扩大，设备负荷日益加重，而且磨矿粒度只能控制到 -16mm，才可勉强满足生产要求。

破碎系统改造后，保留原中碎 PYZ 1750 中型圆锥破碎机，用新型的 C100 和 HP300 破碎机分别取代 PEF600×900 颚式破碎机和 PYD 1750 短头型圆锥破碎机进行粗、细碎作业，用 2YA24×60 圆振筛代替 2YA18×48 圆振筛。并对相关辅助生产系统进行改造，使破碎系统处理能力由 120t/h 提高到 150t/h。工作时间为 15h/d，处理能力为 2250t/d。

22.4.2.3 浸出系统改造

选矿厂浸出吸附时间仅为15h，由于矿石性质简单易浸、氰化有害杂质较少，结合历年生产实践，将1号、2号原预浸槽改造成浸出吸附槽，并在球磨处加入氰化钠，进行浸前浸出，有效地延长了浸出吸附时间，提高了选矿技术指标。

选矿系统经过一系列技术革新与改造后，各系统运行平稳，工艺畅通。破碎系统完全满足一选2100t/d的处理能力，磨矿入磨粒度已由-16mm降至-10mm。其中粉矿率达到60%，选厂处理矿量由2100t/d提高到2400t/d。由于实施了尾矿脱水工艺使浸前浸出率高达45%，有效地增加了浸出吸附时间。同时每天可多回收黄金40g。尾渣品位由原0.21g/t下降至目前0.19g/t，提高了选矿回收率。项目全部投产后。选矿直接成本由每吨33元降至28元，年处理矿石量近80万吨，新增产金56.3kg，多回收黄金约20kg，节约生产成本86.28万元，节约人工成本300多万元，增创税后利润736万元。

22.5 矿产资源综合利用情况

太白金矿为单一金矿，矿产资源综合利用率为66.98%，尾矿平均品位（Au）为0.18g/t。

废石集中堆存在排土场，截至2013年，废石累计堆存量为36.6万吨，2013年废石排放量为7.6万吨，废石利用率为零，处置率为100%。

尾矿集中堆存在尾矿库，截至2013年，尾矿累计堆存量为1360万吨，2013年排放量为182.5万吨。尾矿利用率为零，处置率为100%。

23　滩间山金矿

23.1　矿山基本情况

滩间山金矿为露天开采金矿的大型矿山，共伴生组分主要为硫。矿山成立于 2004 年 1 月 1 日。矿区位于青海省海西州大柴旦行委，距大柴旦行委约 75km，敦（煌）-格（尔木）公路在矿区北侧经过，至大柴旦镇 104km，其中简易公路 15km；距西宁-格尔木铁路线的锡铁山站约 190km，交通较为便利。矿山开发利用简表详见表 23-1。

表 23-1　滩间山金矿开发利用简表

基本情况	矿山名称	滩间山金矿	地理位置	青海省海西州大柴旦行委
	矿床工业类型	构造蚀变岩型金矿床		
地质资源	开采矿种	金矿	地质储量/t	44.98
	矿石工业类型	中硫化物千枚岩金矿石	地质品位/g·t^{-1}	3.31
开采情况	矿山规模	60 万吨/年，大型	开采方式	露天开采
	开拓方式	公路运输开拓	主要采矿方法	分区分期采矿法
	采出矿石量/万吨	124.92	出矿品位/g·t^{-1}	3.85
	废石产生量/万吨	127.42	开采回采率/%	95
	贫化率/%	7	开采深度/m	3556~3000
	剥采比/t·t^{-1}	1.02		
选矿情况	选矿厂规模	60 万吨/年	选矿回收率/%	82.83
	主要选矿方法	浮选，氰化		
	入选矿石量/万吨	100.52	原矿品位/g·t^{-1}	3.97
	尾矿产生量/万吨	100.36	尾矿品位/g·t^{-1}	0.62
综合利用情况	综合利用率/%	78.69	废水利用率/%	70.5
	废石排放强度/t·t^{-1}	13.80	废石处置方式	排土场堆存
	尾矿排放强度/t·t^{-1}	10.11	尾矿处置方式	尾矿库堆存
	废石利用率	0	尾矿利用率	0

23.2　地质资源

23.2.1　矿床地质特征

滩间山金矿矿床成因类型为浅成中温热液型，矿床工业类型为构造蚀变岩型金矿床，位于柴达木隆起带内，其南侧为柴北缘断褶带，北侧为宗务隆山褶带。矿区出露地层主要为中元古界的万洞沟群绿片岩相的中-浅变质岩系。岩性组合为一套片岩、千枚岩和大理岩。上部为上奥陶统滩间山群绿片岩相的中-浅变质岩系。岩性为一套变质的火山岩、火山碎屑岩、碎屑岩和碳酸盐岩。其余地层出露规模较小，北北西和北西向的断层贯穿整个矿区。矿区出露矿体主要为华力西期的中酸性侵入岩。主要岩性有两种：斜长花岗斑岩和闪长（玢）岩。另外在矿区南部零星出露加里东期的辉长岩株。矿石中金属矿物有含银自然金、自然金、银金矿、自然铋、黄铁矿、黄钾铁矾、毒砂、褐铁矿、黄铜矿、闪锌矿、方铅矿、硫锑铜银矿、辉砷镍矿等，脉石矿物有石英、绢云母、白云石、石墨、方解石等。

矿石的结构主要为自形-半自形立方体及五角十二面体粒状结构、环边及环带结构、筛状包含结构等。矿石构造主要为浸染状构造、眼球状团块状构造及细脉-网脉状构造等。矿床的围岩蚀变主要为容矿岩石（碳质千枚岩-片岩）的黄铁矿化、硅化、绢云母化及少量碳酸盐化，围岩中的暗色矿物多发生绿泥石化和绿帘石化。矿体、蚀变岩及未蚀变围岩之间为渐变过渡关系。

23.2.2　资源储量

滩间山金矿主要开采矿种为金，主要矿石工业类型为中硫化物千枚岩金矿，矿山累计查明资源储量 13590300t，金金属量 44.98t，平均地质品位 3.31g/t。矿山主要伴生组分为硫，平均品位为 1.72%，未达到综合利用品位要求。

23.3　开采情况

23.3.1　矿山采矿基本情况

滩间山金矿为露天开采的大型矿山，采取公路运输开拓，使用的采矿方法为分区分期采矿法。矿山设计年生产能力 60 万吨，设计开采回采率为 95%，设计贫化率为 7%，设计出矿品位为 3g/t。

23.3.2　矿山实际生产情况

2013 年，矿山实际出矿量为 124.92 万吨，排放废石 127.42 万吨。具体生产指标见表 23-2。

表 23-2　矿山实际生产情况

采矿量/万吨	开采回采率/%	贫化率/%	出矿品位/g·t⁻¹	露天剥采比/t·t⁻¹
124.9196	95	7	3.85	1.02

23.4　选矿情况

滩间山金矿原为青海省大柴旦镇滩间山金矿田金龙沟矿区，是青海省第一地质矿产勘查大队分别于 1989 年和 1994 年发现的。1992 年青海省第一地质矿产勘查大队和大柴旦行委联合组建了大柴旦金龙矿业有限公司，对滩间山金矿的地表氧化矿首先采用地表堆浸的提金工艺进行开发，堆浸的金回收率约为 48%。1994 年成立青海大柴旦金龙矿业公司滩间山金矿，开始对金龙沟矿区的金矿资源进行开发。1995 年开始对金龙沟的原生矿进行地下开采，生产工艺采用浮选—焙烧—氰化工艺流程，金回收率约为 82%。

滩间山金矿矿石属高砷、高硫、高碳、微细粒含金矿石，现在采用一粗、二扫、二次精选浮选工艺获得金精矿之后，再进行焙烧—氰化—载金炭的解析提金工艺获得合质金。

滩间山金矿选矿厂设计年生产规模为 100 万吨，2013 年之前实际年采、选冶规模为 100 万吨以上，由于矿区内保有资源储量的减少，2013 年后，矿山实际年产能降低至 60 万吨左右。

23.5　矿产资源综合利用情况

滩间山金矿主矿产为金，伴生有硫，但分布不均，矿产资源综合利用率为 78.69%，尾矿平均品位（Au）为 0.62g/t。

废石集中堆存在排土场，截至 2013 年，废石累计堆存量为 649.39 万吨，2013 年废石排放量为 127.42 万吨，废石利用率为零，处置率为 100%。

尾矿集中堆存在尾矿库，截至 2013 年，尾矿累计堆存量为 556.7 万吨，2013 年排放量为 91.46 万吨。尾矿利用率为零，处置率为 100%。

24 天马山硫金矿

24.1 矿山基本情况

天马山硫金矿为地下开采金矿的大型矿山，伴生元素有 S、Cu、Ag、As，成立于 2004 年年初。矿区位于安徽省铜陵市铜官山区，距宁铜铁路铜陵站约 4km，距铜陵有色金属集团控股有限公司长江专用码头约 8km，距铜陵长江公路大桥约 12km，均有高等级公路到达，水陆交通均十分便利。矿山开发利用简表详见表 24-1。

表 24-1 天马山硫金矿开发利用简表

基本情况	矿山名称	天马山硫金矿	地理位置	安徽省铜陵市铜官山区
	矿床工业类型	层控矽卡岩型硫金矿床		
地质资源	开采矿种	金矿	地质储量/t	45.8
	矿石工业类型	特高硫化物含金难处理矿石	地质品位/g·t^{-1}	2.22
开采情况	矿山规模	27.6 万吨/年，大型	开采方式	地下开采
	开拓方式	竖井-斜坡道联合	主要采矿方法	分段采矿嗣后充填法和房柱采矿嗣后充填法
	采出矿石量/万吨	29.71	出矿品位/g·t^{-1}	2.47
	废石产生量/万吨	4.21	开采回采率/%	80.98
	贫化率/%	10.11	开采深度/m	60～-1000（标高）
	掘采比/米·万吨$^{-1}$	155.74		
选矿情况	选矿厂规模	30 万吨/年	选矿回收率/%	58.5
	主要选矿方法	三段一闭路破碎，一段闭路磨矿，浮选-磁选联合选别		
	入选矿石量/万吨	30.23	原矿品位/g·t^{-1}	2.47
	金精矿产量/万吨	1.6	精矿品位	Au：27.41g/t Ag：122.28g/t Cu：1.4%
	硫精矿产量/万吨	19.85	精矿品位	S：32.26% Ag：10.80g/t Au：1.3g/t
	尾矿产生量/万吨	8.78	尾矿品位/g·t^{-1}	0.99

综合利用情况	综合利用率/%	48.47	废水利用率/%	100
	废石排放强度/t·t⁻¹	10.53	废石处置方式	井下充填或填露天采坑
	尾矿排放强度/t·t⁻¹	21.95	尾矿处置方式	井下充填
	废石利用率/%	100	尾矿利用率/%	100

24.2　地质资源

24.2.1　矿床地质特征

天马山硫金矿矿床类型为层控矽卡岩型硫金矿床，矿体赋存标高为近地表+71～-800m，-100m 以上称为天山矿段，-100m 以下称为马山矿段，金矿体 90%、硫矿体 60% 赋存在 -255m 标高以上。根据天马山硫金矿矿体的赋存部位及矿体与地层的关系，可将天马山硫金矿矿床的矿体分为层状矿体、接触带矿体和穿层矿体。接触带矿体主要是天山矿段的 V 号矿体及小矿体，产于岩体与栖霞灰岩的接触带上，矿体呈透镜状、囊状，形态复杂，产状不稳定，局部近于直立，具矽卡岩型矿体的典型特征。穿层矿体主要是天山矿段的 I、II 号矿体，赋存在石炭系黄龙、船山灰岩及船山灰岩与二叠系栖霞灰岩交界处附近，矿体呈不规则透镜状、囊状、筒状，产状较陡，与地层产状不一致。层状矿体产状与地层一致，如天山矿段的 III 号矿体，主要赋存在黄龙组白云岩与泥盆纪五通组交界处。马山矿段的矿体主要为层状矿体，赋存在黄龙组大理岩与白云岩交界处以及黄龙、船山灰岩交界处和黄龙大理岩下部，矿体呈似层状、层状。

矿石成分较复杂，主要金属矿物有磁黄铁矿、黄铁矿，其次有毒砂、胶状黄铁矿、磁铁矿、黄铜矿等。脉石矿物主要有石英、方解石、白云石、滑石、蛇纹石、绿泥石、石榴子石、菱铁矿等。矿石中的主要化学组分有硫、金、砷，次要组分有铜、铅、锌、银、铁等。矿石结构主要有自形-半自形晶结构、他形结构、胶状结构、填隙结构、交代残余结构、压碎结构、乳浊状结构、包含结构、边缘结构、变余结构等。矿石构造主要有块状构造、浸染状-稠密浸染状构造、条带（纹）状构造、角砾状构造等。

24.2.2　资源储量

金矿石类型为特高硫化物含金难处理矿石，主要伴生有益组分为 Cu、Ag、As。铜、银的含量不高，与金属硫化物关系密切，部分呈类质同象的形式存在于硫铁矿中。其中金金属量为 45.8t，矿床平均品位平均为 2.22g/t；硫元素量为 607.7 万吨，砷元素量为 18.8 万吨。

24.3　开采情况

24.3.1　矿山采矿基本情况

天马山硫金矿为地下开采的大型矿山，采取竖井-斜坡道联合开拓，使用的采矿方法为分段采矿嗣后充填法和房柱采矿嗣后充填法。矿山设计年生产能力23.1万吨，设计开采回采率为80%，设计贫化率为15%，设计出矿品位为2.5g/t。

24.3.2　矿山实际生产情况

2013年，矿山实际出矿量为29.71万吨，排放废石4.21万吨。矿山开采深度为60~-1000m标高。具体生产指标见表24-2。

表24-2　矿山实际生产情况

采矿量/万吨	开采回采率/%	贫化率/%	出矿品位/g·t^{-1}	掘采比/米·万吨$^{-1}$
27.74	80.98	10.11	2.47	155.74

24.3.3　采矿技术

天马山硫金矿现用底盘主副井和斜井联合开拓方式，主井断面为6.5m×3.54m，井深325m，井中配置2.1m^{3}翻转式双箕斗，地面安装1台2JK-2.5×1.2/11.5落地摩擦式卷扬机，功率355kW，承担矿石提升任务，设计日提升能力为3800t。副井净直径φ4.5m，从地表+102~-273m，井筒深度375m，装备5号、3号双罐笼，分别选用JKM2.25×4(I)-10.5(400kW)、JKM1.85×4(I)-10.5(260kW)落地式摩擦式提升机，主要承担人员、材料、设备等提升任务。斜井有5条：分别从地表+63~5m、5~-55m、-47~-95m、-135~-175m、-215~-255m，目前主要作为人员和部分材料运输的通道。

矿山已开拓中段从上到下有5m、-25m、-55m、-95m、-135m、-175m、-215m、-255m八个中段。中段高度-55m以上采用30m段高，-55m以下采用40m段高。-215m为有轨主运输中段，用10t电机车双轨牵引10辆1.7m^{3}自制固定式矿车运输。

排水：主排水泵房设置在-135m和-255m，副井车场附近，-135m泵房安装360kW水泵2台，-255m泵房安装6台440kW水泵，承担全矿坑下涌水排到地表。

通风：矿山采用中央对角式通风方式，即新鲜风流由副井和斜井进入各中段需风点，污风经南翼和北翼风井抽出地表。

供风：根据需要采用移动式风机。

供水：矿区生活供水由铜陵市水厂供给，矿区建有一污水处理厂，井下排水及选矿废水经过处理后进入300t水池，用于生产。

供电：矿区现有一座35kV/6kV总降压变电所，变电所设有两台10000kVA变压器供矿区生产、生活用电。

充填站：充填站设有容积500m^{3}立式砂仓一个、100t水泥仓两个及2000m^{3}储砂池，地表有充填管线通到井下，充填能力可满足生产要求。

主要采矿方法有四种：对于厚度小于15m的急倾斜矿体，采用沿走向布置的分段采矿嗣后充填法；对于厚度大于15m的急倾斜矿体，采用垂直走向布置的分段采矿嗣后充填法；对于厚度大于8m的缓倾斜矿体，采用有底部结构空场采矿嗣后充填法；对于厚度小于8m的缓倾斜矿体，采用房柱采矿嗣后充填法。

24.4　选矿情况

天马山硫金矿选矿厂选矿年生产能力为 30 万吨，设计金矿入选品位为 2.5g/t，主要产品为硫精砂和金精砂，年产量分别为 20 万吨和 2.4 万吨。选矿厂采用三段一闭路破碎、一段闭路磨矿，溢流产品细度为-0.074mm 占 80% 以上。选金作业采用一次粗选、二次精选、二次扫选的浮选工艺流程，选金尾矿经磁选回收磁黄铁矿后浓缩脱水进入选硫作业，选硫采用一次粗选、一次精选的工艺流程。选硫产品与磁性矿合并经浓缩脱水后即为硫精矿，选矿工艺流程如图 24-1 所示。

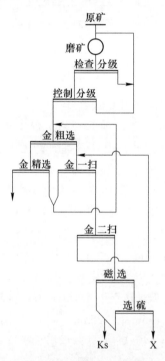

图 24-1　选矿工艺流程

24.5　矿产资源综合利用情况

天马山硫金矿主矿产为金，共伴生有硫、铜、银和砷等，矿产资源综合利用率为 48.47%，尾矿平均品位（Au）为 0.99g/t。

废石集中堆存在排土场，截至 2013 年，废石累计堆存量为零，2013 年废石排放量为 4.21 万吨，废石利用率为 100%，处置率为 100%。

截至 2013 年，尾矿累计堆存量为零，2013 年排放量为 8.78 万吨。尾矿利用率为 100%，处置率为 100%。

25 五龙沟矿区-红旗沟-深水潭金矿

25.1 矿山基本情况

五龙沟矿区-红旗沟-深水潭金矿为地下开采金矿的大型矿山，成立于 2006 年 4 月。矿区位于青海省海西州都兰县，北侧距青藏公路约 10km，西距格尔木市约 90km，交通便利。矿山开发利用简表详见表 25-1。

表 25-1 五龙沟矿区-红旗沟-深水潭金矿开发利用简表

基本情况	矿山名称	五龙沟矿区-红旗沟-深水潭金矿	地理位置	青海省海西州都兰县
	矿山特征	青海省绿色矿山	矿床工业类型	造山型构造蚀变岩亚型
地质资源	开采矿种	金矿	地质储量/kg	31155
	矿石工业类型	糜棱岩型金矿石	地质品位/g·t^{-1}	3.23
开采情况	矿山规模	15 万吨/年，大型	开采方式	地下开采
	开拓方式	平硐—溜井联合开拓	主要采矿方法	分段凿岩阶段出矿空场法
	采出矿石量/万吨	12	出矿品位/g·t^{-1}	2.95
	废石产生量/万吨	6.05	开采回采率/%	92
	贫化率/%	12	开采深度/m	4213～3300
	掘采比/米·万吨$^{-1}$	109		
选矿情况	选矿厂规模	15 万吨/年	选矿回收率/%	78
	主要选矿方法	浮选		
	入选矿石量/万吨	12	原矿品位/g·t^{-1}	2.95
	金精矿产量/万吨	0.96	精矿品位/g·t^{-1}	29
	尾矿产生量/万吨	11.04	尾矿品位/g·t^{-1}	0.74
综合利用情况	综合利用率/%	71.76	废水利用率/%	80
	废石排放强度/t·t^{-1}	3.46	废石处置方式	排土场
	尾矿排放强度/t·t^{-1}	11.50	尾矿处置方式	尾矿库
	废石利用率	0	尾矿利用率	0

25.2　地质资源

25.2.1　矿床地质特征

25.2.1.1　地质特征

五龙沟矿矿床类型为造山型构造蚀变岩亚型金矿床，红旗沟-深水潭金成矿区主要受大断裂带影响，然后在东昆仑地区形成了较为密集的构造分布区。红旗沟-深水潭区域内的岩浆活动对金成矿体的形成也有一定的促进作用，在侵入岩发育分布的过程中，岩层构造相互叠加，紧密相连，不断沉积成为东部昆仑花岗岩重要的一部分。所以，岩浆活动为此区域内的金矿形成带来重要的推动作用，也可以说红旗沟-深水潭的金矿形成在很大程度上是由岩浆活动比较活跃而导致的结果。红旗沟-深水潭矿区内的矿田中含有碎裂岩和糜棱岩，这两种岩石在矿体中占据相当大的比例，是矿体主要的岩质特征，另外还有少许的凝灰质板岩、硅质板岩以及碎裂板岩的分布，不过数量不及前两种，它们共同组成了区域内的矿体。

25.2.1.2　矿石特征

矿石中金属矿物组成主要有黄铁矿、磁黄铁矿、毒砂、斜方砷铁矿、褐铁矿，其他金属硫化物和次生氧化物含量很少。其次有少量的闪锌矿、方铅矿、黄铜矿、磁铁矿，还有微量的铜蓝、锡石、辉铋矿等。金矿石属少硫化物微细粒浸染型含金矿石，贵金属矿物主要为自然金，其次为方锑金矿和银金矿。矿石中金的赋存状态较为简单，均以独立矿物的形式存在，最主要的金矿物为自然金，其次为方锑金矿，还有少量的银金矿。金矿物与毒砂的嵌布关系最为紧密，有 66.21% 的金矿物以包体的形式嵌布于毒砂中；金矿物其次是嵌布于毒砂与斜方砷铁矿的颗粒间隙中，这部分金矿物占矿样中总金矿物的 20.61%；以包体形式嵌布于斜方砷铁矿中的金矿物占总金矿物的 13.17%。

矿石结构：主要有自形粒状结构、半自形-自形柱粒状结构、鳞片变晶结构、交代结构、压碎结构、包含结构等。

矿石构造：主要以浸染状构造为主，其次为细脉状、网脉状及角砾状构造。勘查区矿石未做物相分析，据肉眼观察地表为氧化矿石，浅部硐探、钻探工程揭露的矿体为原生低硫化物矿石，原生带与氧化带较分明，混合带不发育，氧化深度各处有差异，推测深度 5~10m。

矿区主要矿石自然类型有糜棱岩型金矿石、糜棱岩化斜长花岗岩和碎裂蚀变斜长花岗岩型金矿石、氧化矿石等。

25.2.2　资源储量

五龙沟矿区-红旗沟-深水潭金矿主要开采矿种为金，金主要以蚀变构造岩型矿化为主，金平均地质品位为 3.23g/t。截至 2013 年，矿山累计查明矿石量为 9645680t。

25.3 开采情况

25.3.1 矿山采矿基本情况

五龙沟矿区-红旗沟-深水潭金矿为地下开采的大型矿山，采取平硐—溜井联合开拓，使用的采矿方法为分段凿岩阶段出矿空场法。矿山设计年生产能力15万吨，设计开采回采率为87%，设计贫化率为13%，设计出矿品位为3g/t。

25.3.2 矿山实际生产情况

2013年，矿山实际出矿量为12万吨，排放废石3.32万吨。具体生产指标见表25-2。

表25-2 矿山实际生产情况

采矿量/万吨	开采回采率/%	贫化率/%	出矿品位/g·t^{-1}	掘采比/米·万吨$^{-1}$
12	92	12	2.95	109

25.3.3 采矿技术

矿山采用分段空场采矿法开采。

（1）适用条件。矿体厚度大于6m，倾角大于45°，矿石和围岩中等稳定。

（2）采场布置及结构参数。采场沿矿体走向布置于装矿穿脉之间，装矿穿脉垂直矿体走向布置，间距为50~60m，采场长度等于穿脉间距，亦为50~60m。房间矿柱宽度为6~8m，采场高度等于中段高度为50m，底柱高度为10m，顶柱为上中段底柱，高度为8m，分段高度为10m，漏斗间距为6~7m。根据矿体厚度不同，分为单侧漏斗布置和双侧漏斗布置两种方法。即矿体厚度为6~10m时，在电耙道一侧布置单排漏斗；矿体厚度为10~16m时，在电耙道两侧布置双侧漏斗；若矿体厚度大于16m以上，则另行布置采场，但采场之间必须留8~10m的间距。

（3）采准、切割工作。采准天井从装矿穿脉一侧往上开凿在采场房间矿柱中，作为人行、通风和材料上下通道，放矿小溜井亦从装矿穿脉一侧往上布置在电耙道的下方，电耙道沿矿体走向开凿在矿体下盘围岩中（单侧漏斗布置）或矿体中（双漏斗布置），沿电耙道一侧或双侧每隔6~7m布置漏斗进路和漏斗颈（双侧漏斗需错开布置，以利于电耙道的稳定）。漏斗颈上口需扩大成喇叭口，以利于顺利放矿。在漏斗颈上方沿矿体走向布置拉底凿岩平巷，从拉底平巷往上每隔10m布置分段凿岩平巷。拉底和分段凿岩平巷应根据矿体厚度不同在每个分段上布置一条或两条，若为单侧漏斗布置的采场，一般布置一条即可，如为双侧漏斗布置的采场，如果矿体厚度达16m，则每个分段需布置两条分段凿岩平巷，以便使中孔深度不超过15m。分段切割横巷和切割井布置在采场矿体厚大部位。

（4）回采工艺。回采工艺包括拉底、切割自由面和凿岩落矿三部分。拉底包括扩大放矿漏斗和在矿房全宽上切割拉底平面。各分段以切割井为自由面在矿房全宽上拉开切割槽，作为矿房落矿的自由面。落矿工作是采用YGZ-90中孔凿岩机在各分段平巷内凿垂直扇形炮孔，进行装药爆破，爆破采用非电雷管起爆，在矿房全高上每次爆破3~4排炮孔。

最小抵抗线为 1.3~1.5m。孔底距亦为 1.3~1.5m。采场出矿采用 2DPJ-30kW 电耙。矿石最大块度为 500mm。

（5）采场通风。采场通风主要依靠主扇所形成的风压新鲜风流，新鲜风流从装矿穿脉经采场一侧的采准天井进入采场工作面。污染风流经采场另一侧采准天井排至上中段穿脉，再经中段回风平巷排至端部回风井，最终排到上部总回风道抽出地表。

（6）顶板管理及空区处理。矿房回采结束后，应及时对房间矿柱和上中段底柱进行回采。矿柱回采亦采用 YGZ-90 中孔凿岩机在分段凿岩平巷中凿垂直扇形中深孔进行落矿；底柱回采需要在底柱的两侧矿柱位置开凿打眼硐室，然后在该硐室中采用 YGZ-90 中孔凿岩机或 YQ-100 深孔凿岩机凿水平扇形孔进行落矿。矿柱落矿和底柱落矿要同时进行。

矿柱和上中段底柱回采结束后，加上矿房回采所形成的采空区要及时进行处理。处理的方法一般是：由上中段用废石充填采空区，充填厚度 10~15m，形成缓冲层；采用强制崩落上下盘围岩，亦使采空区形成 10~15m 的废石缓冲层，防止空区顶板垮落时所产生的空气冲击波对人员和设备的伤害和破坏。

25.4　选矿情况

25.4.1　选矿厂概况

2006 年，青海地勘局依托在东昆仑中段北坡五龙沟地区 5.8t 的金矿找矿成果，组建了都兰金辉矿业有限公司，日处理矿石 800t 的选矿厂于 2008 年建成投产，2011 年对原浮选车间精选扩建，2012 年 3 月扩建完成并投产。2012 年新建日处理 3300t 的浮选氰化车间，解吸、电解车间及冶炼车间，同时开始建设二期 2000t/d 浮选厂。目前，红旗沟-深水潭金矿建成了日处理量 4000t 的选矿厂和 3200t 的尾矿综合回收利用厂，年产黄金近 2t，是青海省日处理量最大的黄金生产企业，被列入柴达木循环经济试验区重点企业和都兰县黄金产业园区重点企业。

五龙沟矿区-红旗沟-深水潭金矿选矿厂设计金矿入选品位为 3.29g/t，最大入磨粒度为 12mm，磨矿细度为 -0.074mm 占 85%。破碎流程采用二段一闭路破碎，磨矿流程采用两段两闭路流程，采用浮选—尾矿全泥氰化—炭浸工艺生产合质金，浮选作业采用一粗一二精一三扫的工艺流程，浮选工艺流程如图 25-1 所示。

25.4.2　选矿技术改造

25.4.2.1　浮选—尾矿 CIL 工艺

五龙沟矿区-红旗沟-深水潭金矿选矿厂原选矿回收率为 75% 左右，为提高选矿回收率，2009 年引进新型活化剂 L1，选矿回收率达到 78%；2011 年通过试验研究及技术革新，采用组合药剂、电位调控浮选等措施，选矿回收率达到 83%。浮选尾矿采用全泥氰化—炭浆—充氧气的工艺，浸出率可达到 50%，选矿综合回收率达到 91% 以上，最终尾矿品位为 0.28g/t。

25.4.2.2　工艺流程改造

2010 年，将磨矿分级设备由螺旋分级机更改为水力旋流器，彻底解决了分级效率低下

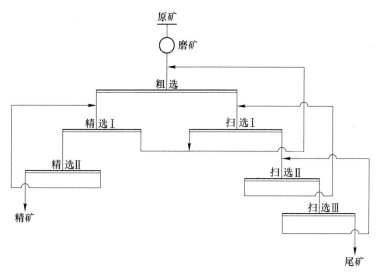

图 25-1　浮选工艺流程

的问题；把三次精选改为两次精选，将浮选机体积由 $2m^3$ 增大为 $4m^3$，解决了浮选冒槽的现象，提高了浮选回收率。

25.5　矿产资源综合利用情况

五龙沟矿区-红旗沟-深水潭金矿为单一金矿，矿产资源综合利用率为 71.76%，尾矿平均品位（Au）为 0.74g/t。

废石集中堆存在排土场，截至 2013 年，废石累计堆存量为 11.76 万吨，2013 年废石排放量为 3.32 万吨，废石利用率为零，处置率为 100%。

尾矿集中堆存在尾矿库，截至 2013 年，尾矿累计堆存量为 22.98 万吨，2013 年排放量为 11.04 万吨。尾矿利用率为零，处置率为 100%。

26　新城金矿

26.1　矿山基本情况

新城金矿为地下开采金矿的大型矿山，伴生元素为 Ag、S 等。矿区位于山东省烟台市莱州市，矿区南距莱州城 35km，距潍坊火车站 134km，有公路相通，向西 20km 可达三山岛港，往北 30km 可达龙口港，水陆交通便利。矿山开发利用简表详见表 26-1。

表 26-1　新城金矿开发利用简表

基本情况	矿山名称	新城金矿	地理位置	山东省烟台市莱州市
	矿山特征	第一批国家级绿色矿山	矿床工业类型	破碎带蚀变岩型金矿床
地质资源	开采矿种	金矿	地质储量/kg	75776.9
	矿石工业类型	低硫型金矿石	地质品位/g·t^{-1}	4.9
开采情况	矿山规模	41.25 万吨/年，大型	开采方式	地下开采
	开拓方式	斜坡道—竖井联合	主要采矿方法	上向分层胶结充填采矿法
	采出矿石量/万吨	112.3	出矿品位/g·t^{-1}	2.54
	废石产生量/万吨	1.16	开采回采率/%	94.98
	贫化率/%	4.3	开采深度/m	26~-600（标高）
	掘采比/米·万吨$^{-1}$	347		
选矿情况	选矿厂规模	41.25 万吨/年	选矿回收率/%	93.98
	主要选矿方法	三段一闭路破碎，一段闭路磨矿，单一浮选		
	入选矿石量/万吨	112.3	原矿品位/g·t^{-1}	2.54
	金精矿产量/t	43460	精矿品位（Au）/g·t^{-1}	62.65
	银精矿产量/t	32567	精矿品位（Ag）/g·t^{-1}	42.08
	尾矿产生量/万吨	104.7	尾矿品位（Au）/g·t^{-1}	0.13
综合利用情况	综合利用率/%	88.33	废水利用率/%	100
	废石排放强度/t·t^{-1}	2.41	废石处置方式	排土场堆存
	尾矿排放强度/t·t^{-1}	10.03	尾矿处置方式	尾矿库堆存
	废石利用率/%	87.87	尾矿利用率/%	59.84

26.2　地质资源

26.2.1　矿床地质特征

新城金矿矿床类型为破碎带蚀变岩型金矿床，位于胶东半岛的西北方向，处于华北板块中的鲁东南隆起和胶北隆起交界部位。各矿体平行近等距右行斜列式展布。新城内金矿的原始侵蚀地带由于受高度北东东-北东方向断裂带的控制，使得断裂带两边的侵蚀地带具有了统一性，金矿裂隙之间的走向主要以北北东-北东走向为主。然而，后期由于破碎带的断裂作用，改造了其原始侵蚀带的特征，破坏了原本矿体内部的排列顺序。新城内金矿岩石矿体蚀变类型主要是黄铁矿化、硅化、碳酸盐化、绢云母化，其中黄铁矿化及硅化的蚀变与新城金矿成矿原因关系极其密切。金矿成矿体主要存在于焦家断裂板块地带的下盘及其次一级板块裂隙中，矿体之间分布顺序是平行近等距离的右行斜列式。而且新城内存在金矿体的形态、大小和产量都严格受焦家-新城断裂板块的控制。

新城金矿已基本探明大小金矿体 8 个，金储量主要集中于Ⅰ号、Ⅴ号矿体，分别占69.61%、29.01%，其他均为小矿体。矿体集中分布于+26～-739m 标高的焦家断裂带下盘及其低序次节理裂隙中。

Ⅰ号矿体地质特征：Ⅰ号矿体为矿区内最主要的矿体，地表矿体出露长 120m，平均长度为 330m。矿体平均走向北东 37°，倾向北西，倾角为 26°～30°，局部大于 35°，平均倾角为 29°，矿体形态单一，比较完整，大致呈连续的扁豆体向南西方向呈 45°的倾角侧伏。

Ⅴ号矿体地质特征：Ⅴ号矿体赋存于Ⅰ号矿体倾斜延深旁侧，平面上各矿体依次近等距平行分布于焦家断裂下盘外侧。矿体产状：走向北东 31°，倾向北西，倾角为 32°。矿体向 271°方向侧伏，侧伏角为 64°。

新城金矿矿石自然类型属浸染状黄铁绢英岩化碎裂岩型、细脉-网脉状绢英岩化花岗闪长质碎裂岩型原生矿石。矿石中的金以银金矿、金银矿独立矿物形式赋存于金属硫化物中，少数在脉石矿物中，在选矿过程中主要是通过选别金属硫化物使金得到富集。

26.2.2　资源储量

新城金矿主矿种为金，伴生银、硫，矿石工业类型属于低硫型金矿石。截至 2013 年年底，新城金矿累计探明金矿石量 16442.5 万吨，金金属量 75776.9kg，平均品位 4.9g/t。累计探明伴生银矿石量 16442.5 万吨，银金属量 50.76t，银品位 3.17g/t。累计探明伴生硫矿石量 16523.5 万吨，硫 35.82 万吨，硫品位为 2.21%。

26.3　开采情况

26.3.1　矿山采矿基本情况

新城金矿为地下开采的大型矿山，采取斜坡道—竖井联合开拓，使用的采矿方法为上向分层胶结充填采矿法。矿山设计年生产能力 41.25 万吨，设计开采回采率为 77.90%，设计贫化率为 18.1%，设计出矿品位为 2.21g/t。

26.3.2　矿山实际生产情况

2013 年，矿山实际出矿量为 112.3 万吨，排放废石 1.16 万吨。矿山开采深度为 26~ -600m 标高。具体生产指标见表 26-2。

表 26-2　矿山实际生产情况

采矿量/万吨	开采回采率/%	贫化率/%	出矿品位/g·t^{-1}	掘采比/米·万吨$^{-1}$
68.99	94.98	4.3	2.54	347

26.3.3　采矿技术

26.3.3.1　开拓工程

采用竖井+斜坡道开拓系统。

（1）提升系统。-380m 以上采用矿山明竖井+斜坡道提升系统，-380m 以下采用盲竖井+斜坡道开拓方式。

（2）运输系统。-480m 以上采用斜坡道，无轨开采。采场采出的矿石采用柴油卡车沿斜坡道运输到-353m 水平卸入主溜井内。

-530m 和-580m 中段采用有轨运输，矿石、废石都采用 ZK7-6/250 电机车牵引 10 辆 2m^3 侧卸式矿车组运输，将矿岩运至-530m 和-580m 中段盲竖井车场。矿石经盲竖井提升并运至明竖井-380m 水平的主溜井内，破碎后由明竖井提升至地表，直接进入选厂，将废石运往地表废石堆场。

中段铺设 22kg/m 轻轨，600mm 轨距，弯道和道岔处采用木轨枕，直线段采用混凝土轨枕，整条线路沿重车方向 3‰下坡。

（3）供风系统。采用集中供风方式，矿山在地表建有集中空压机站，空压机站内安装 5 台 5L-40/8 型空压机，总排气量为 260m^3/min，能够满足供风的要求。

供风主管路采用 φ219×6 无缝钢管，支管路 φ159×6 无缝钢管。供风管路沿北风井敷设至井下各中段，为井下各用风地点供风。

（4）供水系统。井下供水采用地表集中供水的方式，主竖井井口附近有高位水池一座，能满足井下生产要求。管路沿明竖井、盲竖井敷设，为井下各用水地点供水，在各中段马头门设置减压阀，降低供水压力，供水主管路选用 φ114×6 无缝钢管，支管路选用 φ89×6 的无缝钢管。水源来自井下涌水。

（5）排水、排泥系统。矿山在明竖井-380m 中段有水仓和水泵房，在盲竖井-580m 中段也有水仓和水泵房，采用两级接力排水系统，将井下涌水接力排至地表。

排水管路为两条 φ245×7 无缝钢管，沿明竖井敷设，正常一条工作一条备用。

在盲竖井-580m 水平车场附近新建水泵房和水仓。将井下涌水排至-380m 巷道经水沟自流至明竖井-380m 水平水仓。

排水管为两条 φ245×7 无缝钢管，沿盲竖井敷设，正常一条工作、一条备用。

水仓排泥采用排污泵排泥方式。

（6）通风系统。矿山采用机械抽出式中央两翼对角式通风系统。新鲜风流由主竖井、人行通风井进入，经各需风中段运输巷道及平巷，再经泄水井和分层联络道进入采场，冲洗工作面后，污风由采场充填井排至上中段回风巷道，经倒段风井和回风巷，最后由南北两翼的新南风井、新城回风井排至地表。由于辅助斜坡道内无轨设备较多，为改善辅助斜坡道内作业环境，保证作业人员身心健康，斜坡道少量进风。

局部通风地点主要有采场、掘进等工作面，采用 JK58-1No4.0 局扇作为辅助通风。

为保证井下用风点的风流质量，应采取如下措施：在采场溜井装矿点等处加设水雾降尘。除此之外，定期对风流进行测定，定期检查、改造供风线路，及时封闭短漏风通道，保证用风点的新鲜风量。

（7）充填系统。采矿方法主要为充填采矿法，随着矿房的回采利用水泥和尾砂胶结充填采空区。矿山地表现建有两个容量为 $1000m^3$ 的砂仓和一座 200t 水泥仓，充填系统满足井下的充填需要。新城金矿采场充填所用的充填料为尾砂，由新城选厂提供，选厂生产的尾砂经分级后进入地表充填站，搅拌好的尾砂通过充填井由充填管路送入各中段采场充填。

26.3.3.2 采矿方法

根据矿区内矿体的赋存条件及矿体顶底板围岩的稳固程度，以充分利用矿产资源、有效保护地表环境和保证采矿作业人员安全为原则，同时考虑地表不允许陷落，厚矿体主要采用上向水平分层尾砂胶结充填采矿法，中厚矿体及薄矿脉采用单进路和双进路式充填采矿法。

A 上向水平分层尾砂胶结充填采矿法

（1）矿块构成要素。矿块垂直走向布置，长为矿体厚度，采用隔一采一的回采形式，宽为 8m（一步采场）、7m（二步采场），采用人工假底，顶柱厚度为 6m，矿块高 50m，每分层回采高度为 3.3~3.4m，空顶高度为 4.8m，每条分段巷道承担 3 个分层的回采，分段高度为 10m。

（2）采准、切割。采准采用下盘脉外无轨采准巷道和脉内通风充填井的采准方式。切割工程有切割巷道。采准工程包括采场内的充填回风天井、采场下盘的分段平巷及采场联络巷。分段平巷在下盘脉外。每分段有三条分层联络巷通达矿体，其第二条为第一条压顶后形成，第三条为第二条压顶后形成。切割巷道布置在采场的中央，连通采场充填回风天井。第一分层回采时，以切割巷道为自由面，采高为 5m。

（3）回采、出矿。

1）回采顺序。自矿块分层联络道从采场下盘向上盘回采，由于矿体比较稳固，采用全断面推进方式。相邻采场首先回采一步采场，之后回采二步采场，二步采场顶板距一步采场充填面的距离要大于 10m，各采场自下而上逐层回采。

2）凿岩。凿岩用 DD310 单臂凿岩台车，钻凿水平炮孔，孔径为 38~40mm，孔深为 4m，落矿眼采用梅花布孔，排距为 0.6~0.7m，孔距为 0.7~0.9m。控爆眼排距为 0.5m，孔距为 0.6~0.8m。落矿眼与控爆眼均采用间隔装药，每孔有两个同段导爆雷管，边孔距围岩 0.3m，最小抵抗线为 0.8m，水平落矿，凿岩效率为 300 米/（台·班）。

3）爆破。采用 2 号岩石乳化炸药。采用电起爆器引爆，非电导爆雷管一次微差爆破。

每循环崩矿量为 500t。每一分层开始时，在分层联络道中向前及两侧钻凿水平孔，爆出采场作业空间。

4）通风。爆破后进行采场通风，新鲜风流由采区斜坡道进入分段巷道，再由分段巷道经分层联络道进入采场，清洗工作面后，污风经充填回风天井、上中段回风联络道、上中段回风道，最后经风井排出地表，必要时在采场上部回风联络道增设局扇辅助通风。

5）采场矿石运搬。矿体厚大时，采用 $3m^3$ 铲运机出矿；矿体厚度小于 8m 时，采用 $1m^3$ 电动铲运机或矿山现有的 $0.75m^3$ 铲运机出矿。出矿过程中先把大块堆在一旁，采用移动式碎石机（TM15HD/TB725XS 型）将大块集中破碎。铲运机把采场内的矿石在内分段巷道装入坑内卡车，有坑内卡车运至集中溜井。

6）采场顶板管理。由于出矿是在直接顶板下作业，必须确保凿岩和出矿的作业安全。爆破通风后即进行顶板撬毛，并进行锚杆支护。局部不稳固地段，视矿岩的具体情况，可采用锚杆金属网支护顶板，局部地段可采用圆木进行临时支护。

7）回采循环。回采作业工序主要有凿岩、装药、爆破、通风、撬毛、支护、二次破碎以及出矿。

（4）充填。在每一分层回采完毕后，立即进行采场充填准备工作，充填管由充填回风天井下放到采场。充填时在每个采场的底部第一个分层采用 $\phi12mm$ 钢筋编制钢筋网，然后采用灰砂比 1∶4 胶结充填 0.5m 厚，为以后回采下一中段顶柱创造条件。其余采用灰砂比 1∶10 的胶结尾砂进行胶结充填，以利于回采上一分层时铲运机铲装和行走。

采场泄水经采场泄水孔进入分段巷道，再经措施井下泄到中段大巷，进入水仓。

（5）矿柱回收。留顶柱，不留底柱，采用钢筋混凝土胶结充填置换方式回收底柱。顶柱待所有采场回采结束后根据实际情况进行回收。

B　上向进路尾砂胶结充填法

（1）矿块构成要素。采场沿走向布置，盘区长 120m，分成两个各 60m 的采场，盘区宽为矿体的厚度，回采时原则上不留盘区间柱和顶底柱。矿块高 40~60m（按 50m 计算），每分层回采 3.5m 高，进路尺寸为 4m×3.5m（宽×高），标准矿块布 3 条进路，一步采中间进路，二步采两侧进路，每条分段巷道承担 3 个分层的回采，分段高为 10m。进路宽度可根据矿体厚度和可布置进路条数适当调整。

（2）采准、切割。采准工程有分段出矿巷道、溜井联络道、溜井、分层联络道、回风充填（泄水）天井、天井联络道。

溜井和分段出矿巷道布置在下盘脉内，分段出矿巷道通过采区斜坡道使其与上下联通，从分段巷道向矿体掘分层联络道。在盘区矿体中部上掘回风充填（泄水）天井，随着采场向上回采顺路架设泄水井。

在下盘脉内分别掘溜矿井与分段巷道贯通，溜矿井及分段巷道分期掘进。

（3）回采。

1）回采顺序。当采场仅能布置两条进路时，先采下盘进路，后采上盘进路；当采场仅能布置三条进路时，先采中间进路，后采两侧进路。

2）凿岩。凿岩采用 7655 气腿式凿岩机落矿。从下盘向上盘水平推进，炮孔沿矿体倾向之字形布置，孔深度为 2m，炮孔直径为 38~40mm，排距为 0.6~0.7m，孔距为 0.7~0.9m。控爆眼排距为 0.5m，孔距为 0.6~0.8m，每条进路配两台凿岩机同时工作，凿岩效率为 60~80 米/(台·班)，炮孔崩矿量为 0.8t/m，则每循环落矿量 112t/d。

3）爆破。爆破采用 2 号岩石乳化炸药，电起爆器起爆，非电导爆管一次微差爆破。

4）通风。爆破后即进行通风。新鲜风流由采区斜坡道或进风天井进入分段巷道，再由分段巷道经分层联络道进入采场，进路内架设局扇和风筒，通过局扇将新鲜风流压入采场。清洗工作面后，污风经回风充填天井、上中段回风联络道、上中段回风道，最后经风井排出地表，必要时在采场上部回风联络道增设局扇辅助通风。

5）采场矿石运搬。采用 1~3m³ 铲运机出矿，铲运机将矿石直接运到矿体下盘的溜井中卸矿，铲运机出矿效率为 250 吨/(台·班)（按平均运距 150m 计）。

6）采场顶板管理。爆破通风后即进行顶板撬毛，采场顶板须进行锚杆支护，采用管缝式锚杆，锚杆间距视矿岩稳固情况具体掌握。另外局部可采用圆木进行临时支护。

7）回采循环。回采作业工序主要有凿岩、装药、爆破、通风、撬毛、支护、二次破碎以及出矿。

（4）充填。进路回采完毕后即进行充填准备工作，充填管由充填回风天井下放到采场，将塑料充填管架在进路顶板中央最高点处，并在进路口上用木板打好隔墙（也可采用混凝土预制砖砌墙），隔墙上留有泄水检查孔。

充填时在每个采场的底部第一个分层用灰砂比 1:4 的尾砂胶结充填，为下中段回收顶柱创造条件。为减少充填成本，依据每个分层进路个数，采用间隔胶结充填。采用胶结充填时，用灰砂比 1:10 的充填料充填；采用尾砂充填时，先将进路用粗尾砂充填 3.0m 高，剩下的 0.5m 用灰砂比 1:10 的胶结尾砂进行胶面充填，以利于回采上一分层时铲运机铲装和行走。每一条进路充填应密实接顶。

采场泄水经采场泄水天井进入中段巷道，再经钻孔下放到最低中段，进入水仓。

（5）矿柱回收。原则上不留矿柱，底柱通过钢筋混凝土假底置换回收，顶柱直接回采到位。

（6）主要采掘设备见表 26-3。

表 26-3 主要采掘设备

序号	设备名称	规格型号	单位	工作	备用	合计
1	凿岩台车	DD310	台	4	2	6
2	凿岩机	7655	台	7	3	10
3	电动铲运机	WJD-1	台	4	1	5
4	铲运机	HL307	台	4		4
5	局扇	JK58-1No4.0	台	12	4	16
6	振动放矿机	FZC-2.8/1.4	台	6		6

C 预护顶上向中深孔分段充填法

目前新城金矿为提高采场的综合开采能力，实现高分段、一次落矿量大的矿石回采，采用了预护顶上向中深孔分段充填法。

（1）该采矿法通过采用中深孔爆破，实现了高分段开采，采矿工艺的主要各项经济技术指标均得到了大幅度的改善。相比原先采场使用的应力拱连续开采上向水平分层充填采矿法，开采高度提高了近 3 倍，生产能力以及采矿工效都有了大幅度提高，分别提高了 5.6% 和 171.9%；贫化率和采矿成本分别下降了 100% 和 35%，同时也提高了井下无轨设备的利用率。

（2）该采矿法具有安全性较高的优点。由于采用了预护顶支护，确保了顶板和上盘围岩的安全性和稳定性，避免了以往开采过程中需要解决矿体破碎带来的一系列问题，使得采场生产具有安全可靠、连续性强的特点，同时对矿体开挖充填后整体下沉量具有一定的控制效果。

（3）中深孔爆破崩落矿石，具有一次崩落矿量大、凿岩设备利用率高的特点。通过对中深孔爆破参数的优化，改善装药结构（交错装药），不仅发挥中深孔崩矿的优点，而且能较好地控制爆破的效果，节约爆破材料，其中炸药单耗仅为 0.23kg/t，每吨爆破成本为 2.57 元，相比原先的爆破方案，各项主要指标在很大程度上都有了改善，同时对中深孔技术在采场中的应用水平提高起到了一定的推动作用。

（4）该采矿法具有安全性高、生产能力大、回采连续性强、机械化程度高和资源回收率较高等特点，为新城金矿深部厚大破碎难采矿体提出新的采矿工艺，成功地克服了之前开采存在的技术难题，同时也为国内外同类型的矿床开采提供了一个新的思路，具有广泛的应用性。

26.4　选矿情况

26.4.1　选矿厂概况

新城金矿选矿厂 1977 年由北京有色冶金设计研究总院设计，1979 年初建成投产，原设计规模为 500t/d，现设计年选矿能力为 41.25 万吨，设计入选品位为 6.14g/t，最大入磨粒度为 12mm。2012 年，山东黄金为了最终黄金产品具有更高的竞争力，集中建设了黄金精炼厂进行统一黄金冶炼，并投入生产。新城金矿选矿工艺流程不再包含氰化、洗涤、置换等工艺流程，现选矿工艺流程只有磨浮流程，改造前工艺流程如图 26-1 所示。

新城金矿现行选矿工艺流程采用三段一闭路破碎——一段闭路磨矿—分级溢流浮选，浮选采用一次粗选、一次精选、二次扫选的选矿工艺流程，选矿最终产品为浮选金精矿。粗碎设在井下，中碎、细碎分别采用标准型和短头型 1750 圆锥破碎机，预先筛分采用 2YA1548 型双层振动筛，检查筛分采用 YA1548 型单层振动筛，筛孔尺寸为 20mm×30mm，最终产品粒度为 -20mm。

磨矿分 4 个系列，1~3 系列分别由 1 台 MQG2122 型格子型球磨机与 1 台 FLG-1500 型螺旋分级机组成闭路，4 系列为二期工程新增系列，采用 1 台 MQG2736 格子型球磨机与 1 台 2FLG-2000 型双螺旋分级机组成闭路。

浮选为两个系列，采用一粗、一扫、二精流程。现有选矿工艺流程如图 26-2 所示。

2013 年选矿处理金矿 112.3 万吨。入选矿石中主要为原矿石、副产矿石、低品位矿石、浅部残留矿壁矿石等。

磨矿细度为 -0.074mm 占 55%~60%，浮选矿浆浓度为 35%~38%，pH 值为 7.0~7.2。

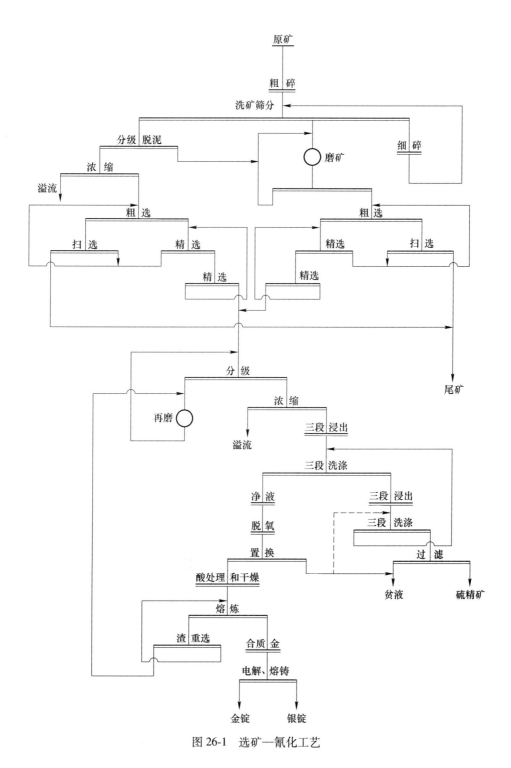

图 26-1 选矿—氰化工艺

入选原矿品位为 2.54g/t，精矿中金品位为 62.65g/t，尾矿中金品位为 0.13g/t，实际选矿回收率为 93.98%。

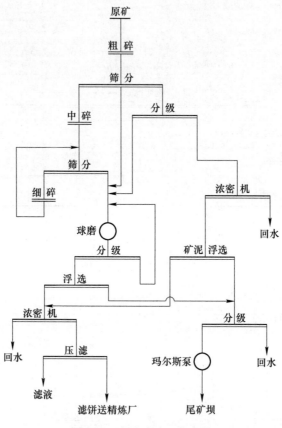

图 26-2　金矿选矿工艺流程

26.4.2　选矿技术改造

26.4.2.1　设备改造

针对预先筛分和检查筛分筛分效率的问题，将破碎振动筛骨架管换成厚壁无缝钢管，并将筋板全部改成凹槽形式，提高了筛体的整体强度，同时将筋板由原来的 7 根改为 3 根，增加了近 30% 的筛分面积。通过改造，极大地提高了筛分效率。

精矿再磨系统 MQG1530 球磨机使用年限长，老化严重，事故率高；旋流器工作不稳定，分级效率低，再磨产品细度偏粗。针对上述问题，选用 1 台 MQG2736 型球磨机代替原来的 3 台 MQG2122 型球磨机，与 1 台 2FLG-2000 螺旋分级机配合；精矿再磨系统选用 1 台 MQY2130 型球磨机代替原 2 台 MQY1530 型球磨机；分级设备改用聚氨酯材质的旋流器组，分级效率高于原旋流器 5% 左右。安装使用后，再磨细度合格率提高了 12%，-0.043mm 含量提高了 4%。

26.4.2.2　选矿流程结构优化

通过对浮选流程进行详细的考查，将浮选作业 2 次精选改为 1 次精选，减轻了金表面的二次污染，使浮选流程更加适合下部中段矿石性质的变化，在保证浮选回收率和精矿品位的情况下，简化了操作。

将原来外排的尾矿库溢流水回收后返回生产系统循环使用，每日增加回水1100m，每年可节约新水费用134.8万元，并且最终实现了全厂生产废水的零排放，经济效益和环境效益可观。

26.4.2.3 选矿工艺条件优化

将原细碎圆锥破碎机更新为诺德伯格HP300型圆锥破碎机，将破碎段筛孔尺寸从20mm×30mm改为14mm×14mm，使破碎产品粒度从-20mm降为-12mm，同时将一段闭路磨矿细度由-0.074mm占50%~55%提高至60%~65%，将二段精矿再磨细度由-0.043mm占90%提高至95%以上，保证了金矿物较充分的单体解离。

浮选捕收剂由原来单一使用丁基钠黄药改为将85%的丁基钠黄药与15%的异戊基黄药配合使用，发挥药剂的协同效应，提高了有用矿物的疏水性。

26.5 矿产资源综合利用情况

新城金矿主矿产为金，伴生有银、硫，在浮选精矿中统一回收，矿产资源综合利用率为88.33%，尾矿平均品位（Au）为0.13g/t。

废石集中堆存在排土场，截至2013年，废石累计堆存量为151.26万吨，2013年废石排放量为25.15万吨，废石利用率为87.87%，处置率为100%。

尾矿集中堆存在尾矿库，截至2013年，尾矿累计堆存量为821.85万吨，2013年排放量为104.7万吨。尾矿利用率为59.84%，处置率为100%。

27　鑫 汇 金 矿

27.1　矿山基本情况

鑫汇金矿为地下开采金矿的大型矿山，共伴生元素主要有 Ag、Pb、Zn、S 等，成立于 1993 年 4 月。矿区位于山东省青岛市平度市，距平度市约 40km，北侧与莱州市毗邻，西距威乌高速灰埠口 3km，距 G206 国道 7km，南距青新高速公路新河口 8km。区内简易公路、乡间公路四通八达，与主干道相连，北可达烟台、威海，南可至潍坊、青岛，交通极为便利。矿山开发利用简表详见表 27-1。

表 27-1　鑫汇金矿开发利用简表

基本情况	矿山名称	鑫汇金矿	地理位置	山东省青岛市平度市
	矿山特征	第二批国家级绿色矿山	矿床工业类型	蚀变碎裂岩型金矿床
地质资源	开采矿种	金矿	地质储量/kg	18278
	矿石工业类型	含金多金属硫化物硅质碎裂岩型	地质品位/$g \cdot t^{-1}$	3.3
开采情况	矿山规模	42.9 万吨/年，大型	开采方式	地下开采
	开拓方式	竖井开拓	主要采矿方法	上向分层充填采矿法
	采出矿石量/万吨	49.8	出矿品位/$g \cdot t^{-1}$	1.94
	废石产生量/万吨	4.8	开采回采率/%	95.4
	贫化率/%	8.33	开采深度/m	27～-330（标高）
	掘采比/米·万吨$^{-1}$	689		
选矿情况	选矿厂规模	59.4 万吨/年	选矿回收率/%	4.13
	主要选矿方法	两段一闭路破碎，一段闭路磨矿，浮选—氰化工艺		
	入选矿石量/万吨	77.41	原矿品位/$g \cdot t^{-1}$	1.94
	浮选精矿产量/t	24857.28	金精矿品位/$g \cdot t^{-1}$	56.36
	铅锌精矿产量/t	21712.98	品位（Pb+Zn）/%	52.56
	合质金产量/kg	1356	尾矿品位/$g \cdot t^{-1}$	0.12
	尾矿产生量/万吨	75.24		
综合利用情况	综合利用率/%	88.07	废水利用率/%	100
	废石排放强度/$t \cdot t^{-1}$	2.09	废石利用率/%	100
	尾矿排放强度/$t \cdot t^{-1}$	32.66	尾矿利用率/%	100

27.2　地质资源

27.2.1　矿床地质特征

鑫汇金矿大庄子金矿区矿床类型为蚀变碎裂岩型，大庄子金矿床出露地层主要为古元古界荆山群和粉子山群，由一套变粒岩、浅粒岩、斜长角闪岩、大理岩、钙镁硅酸盐岩、碎屑岩和长石石英岩组成。成矿前的构造除了基底的韧性变形外，还广泛发育叠加于韧性变形之上角砾岩化和碎裂岩化的脆性断裂。矿床主要由位于大庄子村东的低角度Ⅰ号矿脉和位于大庄子村西北的高角度Ⅱ号矿脉和Ⅲ号矿脉组成，Ⅰ号和Ⅱ号矿脉走向为北北东，Ⅲ号矿脉走向为北东。矿石类型主要为蚀变岩型和石英脉型。金矿物有自然金、银金矿和金银矿。根据矿脉相互交截关系、矿石矿物共生组合以及生成顺序，大庄子金矿床热液成矿期可分为 5 个阶段，分别是金-灰白色石英-细粒黄铁矿阶段、金-乳白色石英-中细粒黄铁矿阶段、金-烟灰色石英-细粒多金属硫化物阶段、金-灰白色石英-粗粒多金属硫化物阶段和晚期的石英-碳酸盐阶段。

大庄子金矿区受 1 号断裂带控制，分布于 8~31 号勘探线之间，其赋存标高为 $+27$~ $-330m$，地表矿体长 175m，控制走向长约 1000m，斜深约 620m，垂深 360m，矿体产状比较稳定，深部经坑探工程验证，矿体中含有夹石和分枝复合现象，总体走向为北西 $345°$~北东 $25°$，总体走向为北东 $5°$，倾向南东，倾角平均约为 $35°$，中浅部倾角较缓，向深部逐渐加大，局部受后期构造活动的影响，倾角最大为 $76°$。矿体沿走向、倾向均呈舒缓波状延伸。矿体铅直厚度最小为 0.70m，最大为 52.21m，平均为 6.68m，厚度变化系数为 123.30%，属厚度变化不稳定型矿体。矿体平均品位为 $4.13×10^{-6}$，最高为 $40.67×10^{-6}$，品位变化系数为 108.25%，属有用组分分布很不均匀型。

矿石类型为自然类型。按氧化程度可分为氧化矿石、原生矿石两种。目前氧化矿石已采完。矿石自然类型按矿石中有用矿物含量、共生组合、结构构造、脉石矿物种类划归为含金多金属硫化物硅质碎裂岩型。

27.2.2　资源储量

矿山开采的主要矿种为金，同时可回收铅、锌等多种综合利用的有益组分，矿石类型为含金多金属硫化物硅质碎裂岩型。矿区累计查明矿石量为 5541504t，金金属量 18278kg，平均地质品位 3.3g/t。伴生银矿石量 5541504t，银金属量 69340kg，平均品位 12.51g/t；伴生铅矿石量 5541504t，铅金属量 73288t；伴生锌矿石量 5541504t，锌金属量 70060t；伴生硫矿石量 5541504t，纯硫 66456t，折合硫标矿 189874t。

27.3　开采情况

27.3.1　矿山采矿基本情况

鑫汇金矿为地下开采的大型矿山，采取竖井开拓，使用的采矿方法为上向分层充填采矿法。矿山设计年生产能力 59.4 万吨，设计开采回采率为 88%，设计贫化率为 14%，设计出矿品位为 3.59g/t。

27.3.2 矿山实际生产情况

2013 年，矿山实际出矿量为 49.8 万吨，排放废石 4.8 万吨。矿山开采深度为 27 ~ −330m 标高。具体生产指标见表 27-2。

表 27-2 矿山实际生产情况

采矿量/万吨	开采回采率/%	贫化率/%	出矿品位/g·t^{-1}	掘采比/米·万吨$^{-1}$
45.7	95.4	8.33	1.94	689

27.3.3 采矿技术

矿山开采方式为井下开采，采用中央下盘竖井开拓方案，两翼对角式通风系统。采矿方法为以浅孔落矿胶结矿柱房柱法为主，配合使用嗣后充填房柱法。采场回采自底部拉底平巷开始，采用 7655 凿岩机钻凿 ϕ40mm 浅孔，孔深 3 ~ 3.5m，沿采场全宽和 3.5m 控顶高度，全断面向两端推进，采用铵油炸药，非电导爆管微差起爆。崩下矿石用斗容为 0.75 ~ 1.0m^3 电动铲运机经采场联络道装运至脉外溜井，溜放至阶段运输水平装车运出。矿石出矿品位为 1.81g/t。矿山主要采矿设备明细表见表 27-3。

表 27-3 矿山主要采矿设备明细表

序号	设备名称	规格型号	数量/台(套)
1	凿岩机	7655	44
2	凿岩机	YSP45	8
3	电动铲运机	XYWJD-1	4
4	柴油铲运机	XYWJ-0.75	2
5	装岩机	ZY-17	4
6	局扇	JK58-1No4.0	17
7	局扇	JK58-2No4.0	11
8	手动放矿闸门	800×600	11
9	喷射混凝土机组	TP56	2
10	天井吊罐	PG-1	2
合计			105

27.4 选矿情况

27.4.1 选矿厂概况

2013 年选矿厂处理矿石量为 76.72t，矿石主要来源为矿山井下开采，部分来自收购其他小矿山矿石。

　　矿山选冶工艺为二段一闭路破碎——一段闭路磨矿—浮选—氰化工艺流程提金。破碎最终碎矿粒度为12mm，磨矿细度为-0.074mm占55%，浮选采用一粗、二扫、二精流程。

　　精矿脱水采用浓缩、压滤二段机械脱水后送氰化—锌粉置换提金。金浸出率为98.3%，洗涤率为99.83%，置换率为99.07%。

　　金泥采用酸浸脱杂，洗涤过滤后，用火法炼金，金银电解分离，银冶炼回收率达99%。浮选工艺流程如图27-1所示，氰化工艺流程如图27-2所示。

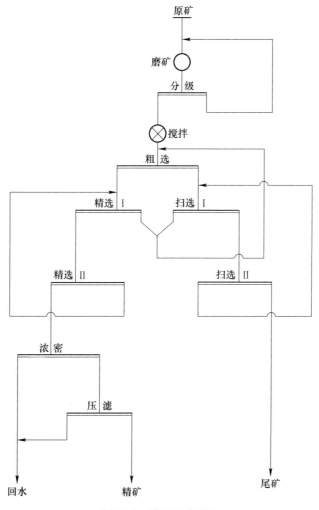

图27-1　浮选工艺流程

选矿厂主要设备型号及数量见表27-4。

表27-4　主要选矿设备型号及数量

工序	设备名称	规格型号	使用数量/台(套)
粗碎	颚式破碎机	PEF400×600	1
细碎	圆锥破碎机	PYZ-1200	1
筛分	圆振动筛	YAH12200×3600	1

续表 27-4

工序	设备名称	规格型号	使用数量/台(套)
磨矿	格子型球磨机	MQG2130	2
分级	高堰式螺旋分级机	FG-2.0ϕ2000mm	1
浮选	浮选机	KYF-XCG-4m^3	13
脱水	浓密机	ϕ9m	1
脱水	浓密机	ϕ12m	2
脱水	浓密机	ϕ15m	1
脱水	厢式压滤机	XMZ60/1000-75	1
脱水	板式压滤机	XMA20/630	2
脱水	厢式压滤机	XAE200/1250	1

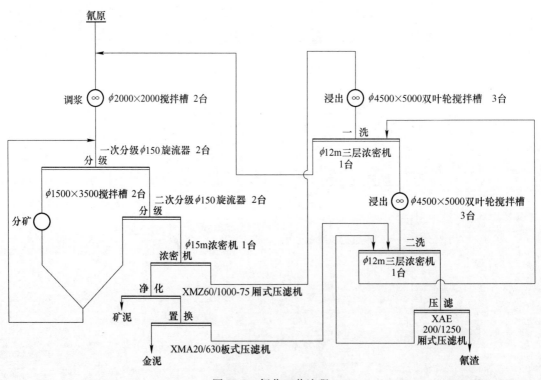

图 27-2　氰化工艺流程

27.4.2　选矿新技术新设备应用

27.4.2.1　磨矿系统改造

2010 年对磨矿系统实行改造，选用 MQG2130 湿式格子型球磨机和 FG-2.0ϕ2000mm 高堰式螺旋分级机，达到提高生产效率和处理能力、减少或避免设备故障、降低成本提高回收率等工艺指标的目的。

系统改造后，矿石处理量比改造前提高 5%，磨矿细度由 −0.074mm 占 50% 提高到 55% 以上。

27.4.2.2 氰化浸洗系统技术改造

鑫汇金矿提金工艺为浮选精矿—氰化，2010 年对氰化系统改造后采用锌粉置换法。金氰浸出率为 95%，洗涤率为 99.5%，置换率为 100%。

27.4.2.3 提金氰渣中铅锌混合浮选工艺改造

对提金氰渣中铅锌混合浮选工艺进行改造，采用二粗、二扫、三精流程，浮选铅锌混合精矿 Pb+Zn 52.56%，Pb 回收率 85.15%，Zn 回收率 86.51%，铅锌综合回收率由原来的 80% 提高到 85.83%。

27.4.2.4 磨矿自动化改造

2011 年对磨矿流程进行了自动化改造，使关键设备和设施实现自动控制，将磨矿细度进行自动、即时检测，尽可能使磨矿细度达到了该流程的最佳状态，提高浮选回收率 0.5%。

27.5 矿产资源综合利用情况

鑫汇金矿主矿产为金，伴生有铅锌，矿产资源综合利用率为 88.07%，尾矿平均品位（Au）为 0.12g/t。

截至 2013 年，废石累计堆存量为零，2013 年废石排放量为 4.8 万吨，废石利用率为 100%，处置率为 100%。

尾矿集中堆存在尾矿库，截至 2013 年，尾矿累计堆存量为 126.4 万吨，2013 年排放量为 75.24 万吨。尾矿利用率为 100%，处置率为 100%。

28　镇沅金矿

28.1　矿山基本情况

镇沅金矿为露天-地下联合开采金矿的大型矿山，共伴生元素有 Ag、WO_3、Sn、Cu 等，但含量很低无综合回收价值。矿山于 1989 年 7 月建成投产，2004 年 2 月由云南黄金有限责任公司管理。矿区位于云南省普洱市镇沅彝族哈尼族拉古族自治县，平距镇沅县城 38.4km。矿区有简易公路与昆明至镇沅公路在距镇沅 87km 处相接，矿区距镇沅县城 95.7km，距昆明 380km，交通较为方便。矿山开发利用简表详见表 28-1。

表 28-1　镇沅金矿开发利用简表

基本情况	矿山名称	镇沅金矿	地理位置	云南省普洱市镇沅彝族哈尼族拉古族自治县
	矿床工业类型	中温混合变质热液型金矿床		
地质资源	开采矿种	金矿	地质储量/kg	66301
	矿石工业类型	贫硫化物碳质微细粒浸染型难处理金矿石	地质品位/$g \cdot t^{-1}$	3.28
开采情况	矿山规模	22.5 万吨/年，大型	开采方式	露天-地下联合开采
	开拓方式	联合开拓	主要采矿方法	露天部分采取组合台阶法，地下部分采取分层崩落法
	采出矿石量/万吨	106.89	出矿品位/$g \cdot t^{-1}$	1.72
	废石产生量/万吨	8	开采回采率/%	86.32
	贫化率/%	14.50	开采深度/m	1850~1400（标高）
	剥采比/$t \cdot t^{-1}$	230	掘采比/米·万吨$^{-1}$	208.31
选矿情况	选矿厂规模	66 万吨/年	选矿回收率/%	浮选：78.52，堆浸：20.56
	主要选矿方法	两段一闭路破碎，两段闭路磨矿，浮选、堆浸		
	浮选矿石量/万吨	73.56	原矿品位/$g \cdot t^{-1}$	1.74
	金精矿产量/t	37725	精矿品位/$g \cdot t^{-1}$	26.68
	堆浸矿石量/万吨	35.08	原矿品位/$g \cdot t^{-1}$	0.61
	合质金产量/kg	443	合质金品位/%	99.99
	尾矿产生量/万吨	69.79	尾矿品位/$g \cdot t^{-1}$	0.39
综合利用情况	综合利用率/%	60.90	废水利用率/%	85
	废石排放强度/$t \cdot t^{-1}$	2.12	废石处置方式	排土场堆存
	尾矿排放强度/$t \cdot t^{-1}$	18.51	尾矿处置方式	尾矿库堆存
	废石利用率	0	尾矿利用率	0

28.2 地质资源

28.2.1 矿床地质特征

镇沅金矿矿床类型为中温混合变质热液型金矿床，矿区内出露地层为上泥盆统库独木组（D_3k）、下石炭统梭山岩组（C_1s）、上三叠统一碗水组（T_3y）及第四系。其中，上泥盆统库独木组上段（D_3k^2）为矿区主要容矿地层，下部为灰-深灰色含放射虫硅质板岩及绢云硅质板岩，局部夹千枚状凝灰质绢云板岩条带，中部为灰-灰黑色薄板状含炭泥质灰岩夹灰绿色-紫红色钙质绢云板岩，上部为浅灰色中厚层状细粒变质石英杂砂岩，夹同色和紫红色复成分砾岩、含砾砂岩及含炭砂质绢云板岩。整段岩层流变构造十分发育。有大量的石英斑岩、花岗斑岩、煌斑岩脉贯入。

冬林矿段有SⅠ、SⅡ、SⅢ三个矿体群。SⅡ号矿群赋存在 F_{18}、F_{17} 至 F_{16} 断裂带中；SⅠ矿体群赋存在 F_{15} 断裂带附近；SⅢ号矿体群赋存在 F_{16} 与 F_{15} 之间的杂砂岩构造岩块内。其中以SⅡ号矿体群及其中的 $SⅡ_2$ 号矿体规模最大。

老王寨矿段分布于 F_1 与南侧的 F_{20} 断裂所夹持的上古生界浅变质火山-沉积岩系内，矿带总长 960m 以上。依矿体分布与断裂构造蚀变带的关系，划分为 4 个矿群，分别为Ⅰ号、Ⅲ号、Ⅳ号、Ⅴ号。老王寨矿段金矿体特征见表 28-2。

表 28-2　老王寨矿段金矿体特征

矿体号	长度/m	平均厚度/m	斜深/m	形态	平均品位/10^{-6}	走向	倾向	倾角/(°)
Ⅰ1	120（断续）	1.84	24~52	脉状	4.65	近东西	北	59
Ⅲ1	80	1.30	40~87	脉状	8.16	近东西	北	60
Ⅲ4	120（断续）	3.74	20~22	脉状	6.24	近东西	北	59
Ⅲ5	40	1.8	20~32	透镜状	4.84	东西	北	76
Ⅲ6	40	1.25	20~65	脉状	5.1	近东西	北西	58
Ⅳ2	120（断续）	1.08	20~110	透镜状	4.52	近北东	北	46
Ⅳ3	200	1.59	12~51	不规则脉状，豆荚状	4.05	北东	北西	53
Ⅳ4	40	4.09	40~177	脉状	4	北东	北西	48
Ⅳ5	40	4.58	15	透镜状	5.85	北东	北西	56
Ⅳ6	52	2.83	35	透镜状	3.8	北东	北西	43
Ⅳ7	136	2.76	15~106	透镜状	3.87	北东	北西	48
Ⅳ8	40	1.66	25~55	透镜状	5.56	近东西	北西	45
Ⅴ1	200（断续）	3.00	23~120	豆荚状，不规则透镜状	4.8	近东西	北	42
Ⅴ2	40	2.07	51~56	透镜状	3.47	近东西	北	41
Ⅴ3	20~120	2.60	10~290	透镜状	3.47	近东西	北	33
Ⅴ4	240（断续）	1.60	20~202	脉状或豆荚状	7.91	近东西	北	38

搭桥菁矿段主要分布于北西向控矿断裂 F_{15}、F_{16}、F_{17} 构成的构造带内，矿带总长为 1320m，宽为 20~160m，包括 Ⅰ 号、Ⅱ 号、Ⅲ 号、Ⅳ 号、Ⅴ 号五个矿体（群）。搭桥菁矿段矿体（群）特征见表 28-3。

表 28-3　搭桥菁矿段矿体（群）特征

矿体号	长度/m	厚度/m	斜深/m	矿体形态	平均品位/10^{-6}	走向	倾向	倾角/(°)
Ⅰ 11	120	0.89~5.01	37~170	似层状-透镜状	4.24	北西	北东	60
Ⅰ 23	80	0.58~1.07		似层状-透镜状	5.92	北西	北东	50~55
Ⅰ 31	122	0.72~0.99	34~79	似层状-透镜状	6.99	北西	北东	50~75
Ⅰ 32	200	0.76~17.91	89~230	似层状-透镜状	6.79	北西	北东	45~70
Ⅱ 11	41	0.68~2.36	79	透镜状	3.09	北西	北东	50~88
Ⅱ 12	240	0.58~2.63	160	豆荚状、透镜状	5	北西	北东	62~69
Ⅱ 13	30	0.79~2.51	31	透镜状、脉状	5.6	北西	南西	
Ⅱ 21	240	0.91~12.05	88~438	似层状	6.19	北西	北东	47~86
Ⅱ 22	单工程	4.02	单工程	透镜状	3.39	北西	北东	
Ⅱ 23	400	0.81~6.66	117~345	似层状	4.56	北西	北东	70~72
Ⅱ 24	288	1.89~14.93	102~158	似层状	5.42	北西	北东	70~72
Ⅱ 31	80	0.78~4.93	36~85	透镜状	5.71	北西	北东	58~82
Ⅱ 32	单工程	1.72	单工程	透镜状	2.421	北西	北东	
Ⅱ 33		1.00~1.51	122	透镜状	3.26	北西	北东	50~89
Ⅱ 42	118	0.87~2.90	39.5	脉状	3.46	北西	北东	50~71
Ⅱ 43	86	1.19~2.52	33~78	似层状	5.45	北西	北东	52~72
Ⅲ 11	202	0.45~3.72	49~94.5	透镜状、脉状	4.74	115°	北东	50~73
Ⅲ 21		0.6~1.94		脉状	2.22	115°	北东	47~73
Ⅲ 41	190	0.76~1.79	78	脉状	3.41	121°	北东	35~45
Ⅲ 51	100	0.97~5.13	34~132	透镜状	3.68	北西	北东	50~80
Ⅲ 61	91	1.23~4.47	121	透镜状	4.44	112°	北东	58~85
Ⅲ 71		0.76~1.71		透镜状	2.04	112°	北东	63~89
Ⅲ 83	37	3.94		透镜状	3	近东西	北	69
Ⅲ 84	82	0.85~1.59		似层状	4.44	近东西	北	65
Ⅲ 91		0.92~2.60		透镜状	1.36	近东西	北	62~75
Ⅴ 11	80	3.26		似层状、脉状	3.98	104°	南	48~74
Ⅴ 21	303	0.80~8.97	238	不规则似层状	3.85	101°	北	10~43
Ⅴ 41		5.55		似层状、脉状	4.35	101°	北	10~43
Ⅴ 51		0.57~1.41		脉状	1.17	70°	北	33~45

矿区矿石自然类型划分为氧化矿、混合矿和原生矿。冬瓜林、搭桥菁矿段分为 4 种类型，即金-黄铁矿橄辉云煌岩型矿石、金-黄铁矿变石英杂砂岩型矿石、金-黄铁矿硅质绢云板岩型矿石和金-黄铁矿花岗（闪长）斑岩型矿石，其中以金-黄铁矿橄辉云煌岩型矿石

为主。老王寨矿段分为5种类型，即金-黄铁矿变质砂岩型、金-黄铁矿砂（硅）质绢云板岩型、金-黄铁矿蚀变玄武岩型、金-黄铁矿蚀变超基性岩型及金-黄铁矿蚀变煌斑岩型，其中以金-黄铁矿变质砂岩型、金-黄铁矿砂（硅）质绢云板岩型为主。

冬瓜林、搭桥菁矿段金属矿物主要为黄铁矿（白铁矿）、辉锑矿、毒砂、自然金，矿石中金的主要矿物是自然金，少量银金矿。老王寨矿段常见金属矿物为黄铁矿、褐铁矿、菱铁矿，矿石中金主要以自然金形式存在。

冬瓜林、搭桥菁矿段矿石结构主要有：自形晶-半自形粒状结构、增生环带结构、碎斑状压碎结构。矿石构造主要有：浸染状构造、细脉-浸染状构造、细脉-细网脉状构造、条带状构造、顺层浸染状构造。老王寨矿段矿石结构主要有自形-半自形粒状、交代残余、胶状、环带状、假象残余、斑状结构、压碎结构等。矿石构造有浸染状、脉状、网脉状、胶状、角砾状、斑杂状、不规则团块状、粉末状、烟灰状等。

28.2.2　资源储量

矿山主要开采矿种为金矿，矿石为贫硫化物碳质微细粒浸染型难处理矿石，伴生有益组分有 Ag、WO_3、Sn、Cu 等，含量很低，未达到综合回收价值。矿山累计查明资源储量为 20201kt，平均品位为 3.28g/t，其中工业矿石 14117kt，平均品位为 3.51g/t，低品位矿石 6084kt，平均品位为 2.09g/t。

28.3　开采情况

28.3.1　矿山采矿基本情况

镇沅金矿为露天-地下联合开采的大型矿山，采取联合开拓，露天部分采取组合台阶法，地下部分采取分层崩落法。矿山设计年生产能力22.5万吨，设计开采回采率为85%，设计贫化率为15%，设计出矿品位为3.54g/t。

28.3.2　矿山实际生产情况

2013年，矿山实际出矿量为106.89万吨，排放废石62.32万吨。矿山开采深度为1850~1400m标高。具体生产指标见表28-4。

表28-4　矿山实际生产情况

采矿量 /万吨	开采回采率 /%	贫化率 /%	出矿品位 /g·t⁻¹	掘采比 /米·万吨⁻¹	露天剥采比 /t·t⁻¹
106.89	86.32	14.50	1.72	208.31	230

28.3.3　采矿技术

矿山采用地下、露天开采方式。矿区矿体松散破碎，品位不高，矿岩稳固性差。主要矿段矿石含泥、碳、硫、砷、锑等有害元素，属难采难选冶矿体。目前，地下开采采用无底柱分段崩落法，露天开采采用缓帮采剥工艺，以露天开采为主。

28.4 选矿情况

28.4.1 选矿厂概况

镇沅金矿选矿厂设计年选矿能力 66 万吨，于 1993 年 12 月投产，生产规模为 250t/d，实际生产能力达 350t/d。

采用浮选及堆浸分别处理原矿石。高品位矿石浮选生产金精矿，低品位矿石堆浸生产合质金。2011 年，浮选矿石 60.41 万吨，原矿品位为 2.04g/t，生产金精矿 37590t，金精矿品位 25.27g/t；堆浸矿石 24.48 万吨，原矿品位为 0.6g/t，生产金品位 99.99% 的合质金 994kg。2013 年，浮选矿石 73.56 万吨，原矿品位为 1.72g/t，生产金精矿 37725t，金精矿品位 26.68g/t；堆浸矿石 35.08 万吨，原矿品位为 0.61g/t，合质金 443kg，合质金品位 99.99%。

28.4.2 选矿工艺流程

28.4.2.1 破碎及洗矿

破碎流程为两段一闭路破碎，给矿最大粒度为 350mm，碎矿产品粒度小于 15mm。粗碎后进行洗矿。所采用的主要设备为 PE400×600 颚式破碎机、PYZ-200 中型圆锥破碎机、2ZKK-1836 直线振动筛、ϕ1500×6000 圆筒洗矿机、FLG-1200 高堰式螺旋分级机、TNZ-12 中心传动浓缩机。

28.4.2.2 磨矿分级

磨矿采用两段闭路磨矿，磨矿细度为 -0.074mm 占 95%。主要设备为 MQG2130 格子型球磨机 1 台、MQY1530 溢流型球磨机 1 台、FLG1500 螺旋分级机 1 台、ϕ350 水力旋流器 2 台。

28.4.2.3 浮选

2006 年 5 月前采用单一浮选工艺，浮选时间短，浮选回收指标低。2006 年 5~8 月对选矿工艺进行了改造，采用阶段磨矿阶段浮选，一段磨矿后采用一次粗选，二段磨矿后采用一次粗选、二次精选、二次扫选工艺流程。浮选工艺流程如图 28-1 所示。

28.4.2.4 脱水

脱水采用一段浓缩、一段压滤。浓缩采用 ϕ18m 浓缩机 1 台，压滤采用 20m² 板框压滤机 2 台。

28.5 矿产资源综合利用情况

镇沅金矿为单一金矿，矿产资源综合利用率为 60.90%，尾矿平均品位（Au）为 0.39g/t。

废石集中堆放在排土场，截至 2013 年，废石累计堆存量为 28 万吨，2013 年废石排放量为 62.32 万吨，废石利用率为零，处置率为 100%。

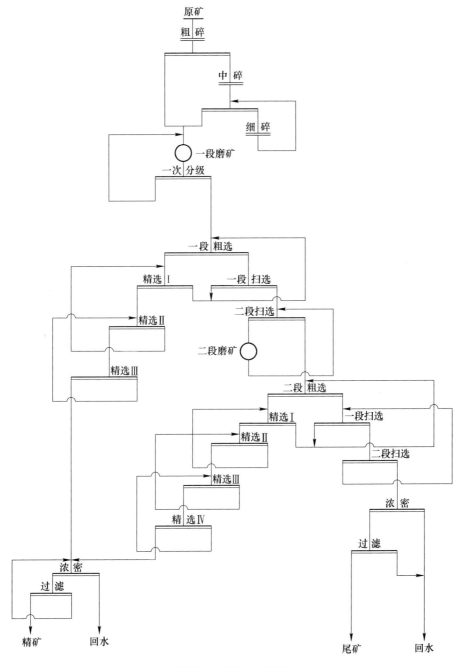

图 28-1　浮选工艺流程

尾矿集中堆存在尾矿库，截至 2013 年，尾矿累计堆存量为 261 万吨，2013 年排放量为 69.79 万吨。尾矿利用率为零，处置率为 100%。

29　紫金山金铜矿

29.1　矿山基本情况

紫金山金铜矿为露天开采金矿的大型矿山，共伴生元素主要有 Cu、Ag、S 等。矿区位于福建省龙岩市上杭县，205 国道通过矿区东侧石圳村，石圳向西北 10km 有水泥路面公路直抵矿区，石圳向南 15km 至上杭县城。自上杭城沿 205 国道向东北至永安，西南至广东梅州，沿 319 国道东至龙岩，至最近码头厦门港 283km，至最近民航站梅州 123km。由矿区至龙岩-赣州铁路线上杭站 40km，交通方便。矿山开发利用简表详见表 29-1。

表 29-1　紫金山金铜矿开发利用简表

<table>
<tr><td rowspan="2">基本情况</td><td>矿山名称</td><td>紫金山金铜矿</td><td>地理位置</td><td>福建省龙岩市上杭县</td></tr>
<tr><td>矿山特征</td><td>第四批国家级绿色矿山，世界特大型金铜矿</td><td>矿床工业类型</td><td>高硫化浅成中低温热液</td></tr>
<tr><td rowspan="2">地质资源</td><td>开采矿种</td><td>金矿</td><td>地质储量/kg</td><td>322199</td></tr>
<tr><td>矿石工业类型</td><td>氧化次生金矿石</td><td>地质品位/g·t⁻¹</td><td>0.57</td></tr>
<tr><td rowspan="7">开采情况</td><td>矿山规模</td><td>3750 万吨/年，大型</td><td>开采方式</td><td>露天开采</td></tr>
<tr><td>开拓方式</td><td>公路运输开拓</td><td>主要采矿方法</td><td>组合台阶陡帮开采法</td></tr>
<tr><td>采出矿石量/万吨</td><td>2438</td><td>出矿品位/g·t⁻¹</td><td>0.64</td></tr>
<tr><td>废石产生量/万吨</td><td>4914.96</td><td>开采回采率/%</td><td>99.05</td></tr>
<tr><td>贫化率/%</td><td>8.13</td><td>开采深度</td><td>1138.4~-100（标高）</td></tr>
<tr><td>剥采比/t·t⁻¹</td><td>1.519</td><td></td><td></td></tr>
<tr><td colspan="4"></td></tr>
<tr><td rowspan="6">选矿情况</td><td>选矿厂规模</td><td>金矿一选厂 660 万吨/年，金矿二选厂 1440 万吨/年，金矿三选 1650 万吨/年，铜浮选厂 264 万吨/年，铜湿法厂 1485 万吨/年</td><td>选矿回收率/%</td><td>Au：85.48
Cu：83.05
S：40.84
Ag：52.81</td></tr>
<tr><td>主要选矿方法</td><td colspan="3">金矿：两段开路破碎—粗细分级，细粒重选—浸出，粗粒堆浸
铜矿浮选：三段开路破碎——一段闭路磨矿—铜硫优先浮选
铜矿湿法：三段开路破碎—堆浸</td></tr>
<tr><td>入选矿石量/万吨</td><td>3078.55</td><td>原矿品位/g·t⁻¹</td><td>Au：0.62
Ag：4.12
Cu：0.35
S：4.04</td></tr>
<tr><td>合质金产量/t</td><td>15.15</td><td>合质金品位/%</td><td>99.99</td></tr>
<tr><td>铜精矿产量/万吨</td><td>45.25</td><td>铜品位/%</td><td>19.69</td></tr>
</table>

选矿情况	硫精矿产量/万吨	112.37	硫品位/g·t⁻¹	45.14
	尾矿产生量/万吨	2920.93	尾矿品位/g·t⁻¹	0.095
综合利用情况	综合利用率/%	74.88	废石处置方式	排土场堆存
	废石利用率/%	7.65	尾矿处置方式	尾矿库堆存
	废水利用率/%	90	尾矿利用率/%	3.32

29.2　地质资源

29.2.1　矿床地质特征

紫金山金铜矿矿床类型属高硫化浅成中低温热液矿床，开采深度为 1138.4～-100m，金矿床产于 600～640m 标高以上的氧化带中，铜矿产于 600m 标高以下的原生带中，已控制矿化最低标高-100m，矿体为大脉状，硫化铜矿石类型，为大型矿床，矿石可选性好。矿田位于华南褶皱系东部、北西向上杭-云霄深大断裂与北东向政和-大浦断裂的交汇处。矿区构造活动强烈，以北东向和北西向为主，二者交汇处控制了区域矿床的产出。区域内火山-侵入岩发育，包括中-晚侏罗世花岗质岩石和早白垩世火山-侵入杂岩。迳美岩体、五龙寺岩体和金龙桥岩体先后形成并构成中-晚侏罗世紫金山复式岩体。四方花岗闪长岩是早白垩世形成的岩浆岩。才溪二长花岗岩为中-晚侏罗世和早白垩世岩浆活动的过渡产物。紫金山矿田与早白垩世火山-侵入活动在时空上紧密相关。矿区水文工程地质条件简单。

紫金山金铜矿床矿物种类丰富，单单矿石矿物目前已发现的有 Cu-S 体系 8 种矿物、硫砷铜矿、块硫砷铜矿、硫钨锡铜矿、硫钼锡铜矿、硫铁锡铜矿、斑铜矿、黄铜矿、孔雀石、砷黝铜矿、锡砷硫钒铜矿等 26 种铜矿物。按矿石的容矿岩石类型划分，矿区矿石类型划分为以下 4 种类型：

（1）花岗岩型金矿石。花岗岩型金矿石是主要的矿石类型之一。其矿石量约占总矿石量的 31%，金和其他金属矿物主要呈微细脉状和网脉状，产在强硅化中细粒花岗岩的微裂隙和空隙中，普遍具一定程度的破碎。

（2）隐爆碎屑岩型金矿石。隐爆碎屑岩型金矿石也是主要的矿石类型之一，容矿岩石包括花岗质、英安质、复成分的隐爆角砾岩和少量隐爆凝灰岩。该类型的金矿石约占总矿石量的 22%。金和其他金属矿物分布于角砾岩的胶结物和孔隙裂隙中。

（3）构造岩型金矿石。容矿岩为强烈破碎的碎裂岩和构造角砾岩。其矿石量约占总矿量的 31%。金和其他金属矿物充填在裂纹和裂隙中，往往金含量较高，从而构成矿体的中心部分。

（4）英安玢岩型金矿石。该类型矿石硅化强烈，裂隙发育，氧化淋失的空洞较多。其矿石量约占总矿石量的 16%。

29.2.2 资源储量

金矿的矿石工业类型为氧化次生金矿石，为贫矿石，铜为硫化铜矿石。紫金山金矿累计查明金资源储量为：矿石量 561057889t，金属量 322199kg，平均品位 0.57g/t。

29.3 开采情况

29.3.1 矿山采矿基本情况

紫金山金铜矿为露天-地下开采的大型矿山，金矿部分为露天开采，采取公路运输开拓，使用的采矿方法为组合台阶陡帮开采法。矿山设计年生产能力 3750 万吨，设计开采回采率为 97%，设计贫化率为 3%，设计出矿品位为 0.57g/t。

29.3.2 矿山实际生产情况

2013 年，矿山实际出矿量为 2438 万吨，排放废石 4914.96 万吨。矿山开采深度为 1138.4~-100m 标高。具体生产指标见表 29-2。

表 29-2　矿山实际生产情况

采矿量/万吨	开采回采率/%	贫化率/%	出矿品位/g·t⁻¹	露天剥采比/t·t⁻¹
2580	99.05	8.13	0.64	1.519

29.3.3 采矿技术

紫金山金铜矿上部金矿自 1993 年始开发建设，多年来获得了跨越式发展。1996~1997 年进行金矿三期工程（$0.2×10^4$t/d）建设，同年建成投产。1998 年进行金矿低品位物料（即含金废石）综合利用（$0.7×10^4$t/d）建设，次年建成投产。2000 年进行金矿四期技改，2001 年建成，矿石年处理能力达 1155 万吨；后又经多次挖潜，至 2005 年年底，金矿石实际年处理能力约 2450 万吨（其中含金废石约 900 万吨）。

紫金山金铜矿开采方式：金矿为露天开采，铜矿为"露天开采+地下联合开采"，采用联合运输开拓方式和"露天组合台阶陡帮开采+地下分段矿房法"采矿方法。

29.4 选矿情况

紫金山金铜矿是一座上金下铜的大型金铜矿床，自 1993 年开始上部金矿开发以来，经多次技术改造，上部金矿体已成为一个大规模露天开采的金矿山，目前年入选矿石 3400 万吨。拥有三个金矿选矿厂，分别为金矿一选厂、金矿二选厂和金矿三选厂，三个选厂的矿石全部来自露天采矿厂。

紫金山金铜矿金矿的选矿工艺采用破碎—洗矿—细粒级（重选+炭浸）—粗粒级堆浸—吸附的联合选矿工艺。金矿石经破碎、洗矿、分级后，粗粒进行堆浸，细粒进行重选和炭浸，堆浸富液炭吸附，产品为载金炭，选矿回收率为85%。低品位金矿石和含金废石粗碎、洗矿后进行堆浸和炭浸，堆浸富液炭吸附，产品为载金炭，选矿回收率为63%。

炭浸作业和工艺：堆浸矿石粒度为-0.074mm占85%以上，采用浸前浓密机浓缩至浓度为40%左右。浸出采用NaCN溶液进行五段浸出，CN⁻浓度控制在0.015%~0.025%，pH值为9.5~11。炭浸尾浆采用浸后浓密机浓缩后排入混排库。

堆浸作业和工艺：堆浸矿石粒度小于80mm，采用汽车运输至堆场，堆场堆高为11~13m。浸出采用NaCN溶液进行喷淋，CN⁻浓度随着堆场喷淋进程而调整，后期利用贫液中残余CN⁻浓度喷淋，不再加入氰化钠；出渣前用无CN⁻浓度或CN⁻浓度很低的水洗堆，经化验尾矿氰根浓度达标后进行出渣作业。

吸附作业和工艺：堆场流出的富液（也称贵液）采用管道富集，富液进入富液池。富液经过富液池缓冲、沉降、分流后进入活性炭吸附系列，活性炭吸附系列由6个吸附槽串联成一个系列，即六段吸附。富液由吸附槽底部进入，吸附槽底部设置安全筛，顶部设置弧形安全筛，富液利用高差由上往下流动，活性炭则经高压由下往上串，形成逆流交错吸附。

经吸附系列后的富液即为贫液，贫液流入贫液池，经加药调整后送往堆场喷淋，产生的含氰水一般不外排，在生产系统中循环使用。吸附后的活性炭即为载金炭，送往冶炼厂解析提金。各选厂选矿流程如图29-1~图29-3所示。

29.5 矿产资源综合利用情况

紫金山金铜矿为金铜共生矿，矿产资源综合利用率为74.88%，尾矿平均品位（Au）为0.095g/t。

废石集中堆放在排土场，截至2013年，废石累计堆存量为40773万吨，2013年废石排放量为4914.96万吨，废石利用率为7.65%，处置率为100%。

尾矿集中堆存在尾矿库，截至2013年，尾矿累计堆存量为35381万吨，2013年排放量为2920.93万吨。尾矿利用率为3.32%，处置率为100%。

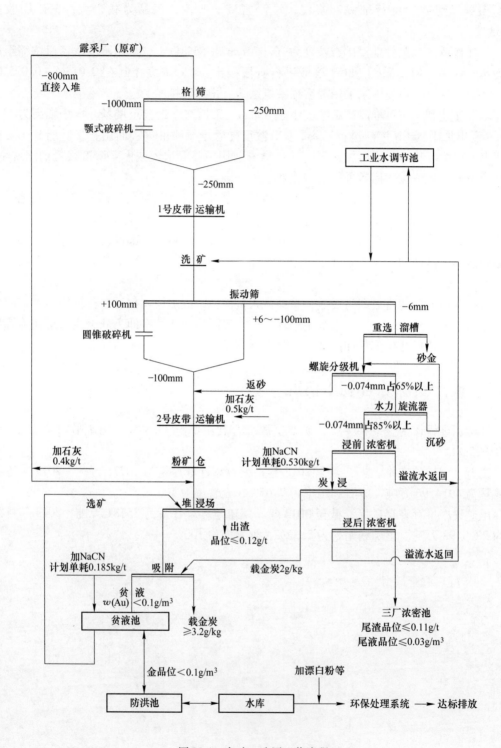

图 29-1　金矿一选厂工艺流程

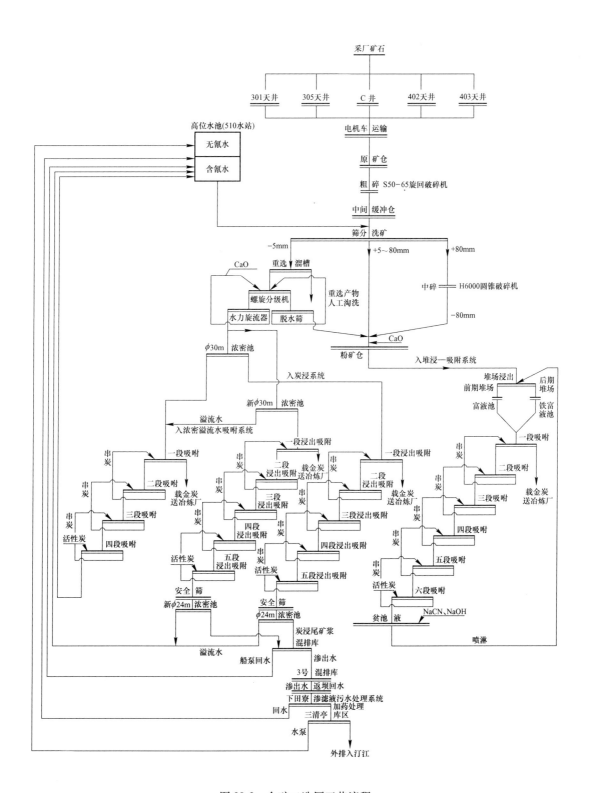

图 29-2 金矿二选厂工艺流程

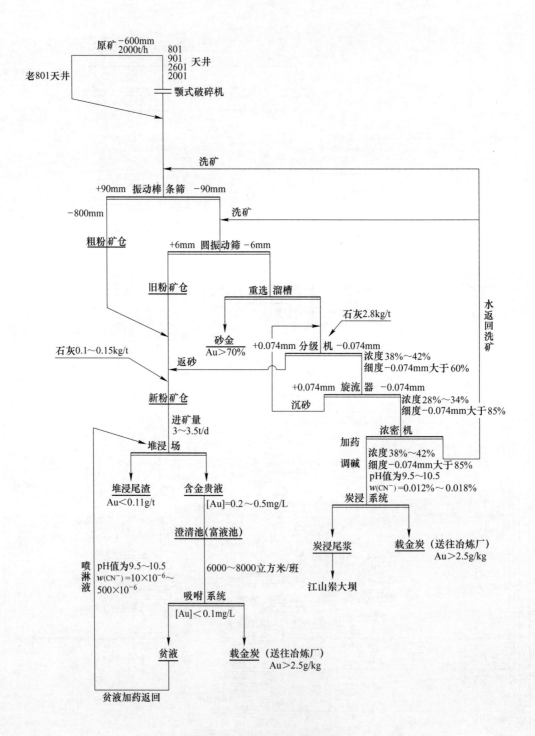

图 29-3　金矿三选厂工艺流程

参 考 文 献

[1] 冯安生，郭保健，等．矿产资源概略研究［M］．北京：地质出版社，2018．

[2] 冯安生，鞠建华．矿产资源综合利用技术指标及其计算方法［M］．北京：冶金工业出版社，2018．

[3] 金永铎，冯安生．金属矿产利用指南［M］．北京：科学出版社，2007．

[4]《矿产资源综合利用手册》编辑委员会．矿产资源综合利用手册［M］．北京：科学出版社，2000．

[5] 冯安生，吕振福，武秋杰，等．矿业固体废弃物大数据研究［J］．矿产保护与利用，2018（2）：40-51．

[6] 张亮，冯安生．国内外概略研究现状对比及建议［J］．中国国土资源经济，2017：10-15．

[7] 冯安生，许大纯．矿产资源新"三率"指标研究［J］．矿产保护与利用，2012（4）：4-7．

[8] 马冰，冯安生．市场经济国家的矿产资源概略性评价［J］．国土资源情报，2011（2）：36-39．

[9] 马冰，冯安生．国外矿产资源概略性评价的管理和规范［J］．国土资源情报，2011（6）：36-40．

[10] 中国地质科学院郑州矿产综合利用研究所．全国重要矿山"三率"综合调查与评价［R］．郑州：中国地质科学院郑州矿产综合利用研究所．

[11] 曹殿民，陈永生．地下黄金矿山开采技术的发展与展望［J］．黄金学报，1999（3）：183-188．

[12] 杨智博，姜宏锋．黄金采矿现状与发展［J］．中国金属通报，2018（2）：13-14．

[13] 姜宏锋．黄金矿山采矿方法发展趋势的探讨［J］．世界有色金属，2018（5）：84-86．

[14] 单立海．黄金矿山地下采矿技术现状与发展探究［J］．山东工业技术，2018（7）：103．

[15] 逄铭璋．某金矿深部开采采矿方法的研究与改进［J］．有色金属（矿山部分），2013（6）：9-11．

[16] 王维东．浅析黄金矿山深部开采技术［J］．世界有色金属，2017（3）：225-227．

[17] 崔岱．我国黄金和有色金属地下矿山采矿工艺现状及其发展趋势［J］．黄金，1998（4）：14-19．

[18] 胡建军，解联库．中国岩金矿床地下采矿技术现状与展望［J］．黄金，2014（1）：30-33．

[19] 王志江，李丽，刘亚川．超细磨技术在难处理金矿中的应用［J］．黄金，2014（6）：54-57．

[20] 范进才．关于金矿采矿方法的优化选择思考［J］．世界有色金属，2018（11）：37-40．

[21] 吕子虎，刘红召，卞孝东，等．黄金矿床的分类及其综合利用技术现状［J］．矿产保护与利用，2018（4）：135-141．

[22] 李俊平．黄金选矿的技术现状及发展趋势［J］．矿业工程，2012（1）：26-28．

[23] 殷书岩，赵鹏飞，陆业大，等．加压氧化技术在难处理金矿上的应用［J］．中国有色冶金，2018（1）：28-30．

[24] 杜世勇．金矿浮选药剂的应用进展［J］．矿冶，2010（3）：34-39．

[25] 王威，杨卉芫，冯安生，等．全球金矿开发利用现状及供需分析［J］．矿产保护与利用，2016（6）：71-77．

[26] 艾满乾．陕南月河流域砂金矿选厂尾矿的综合利用［J］．有色矿山，1998（3）：46-49．

[27] 殷璐，金哲男，杨洪英，等．我国黄金资源综合利用现状与展望［J］．黄金科学技术，2018（1）：17-24．

[28] 姚香．岩金地下开采技术进步与展望［J］．黄金，2000（1）：16-22．

[29] 张德文，邱廷省，巫銮东，等．原生金矿石选矿技术现状及发展［J］．黄金，2013（9）：57-61．